JN129350

船

背景に大型商業施設を従え、意気揚々と入港する第51大傳丸。初めて船橋漁港を訪れた方々は、「この光景こそが価値」と口をそろえる

第51大傳丸進水式。我々の命を預かる船体構造以外は、すべて自分たちのオーダーメイド。価格は港区で高層マンションを買うくらい……？

操業中のすぐ脇を数千トン級のコンテナ船が航行する

海底障害物の多い東京湾では、
破網することもしばしば。陸に
長く伸ばして応急修理

魚

『江戸前』として広く認知されている東京湾の魚は、周囲の河川から流れる豊富な栄養を得て育つ。脂の乗った〝旬〟の魚はどれも絶品

すすきの聖地 畔メ
海光物産はこちらです

人

平均年齢30歳そこそこの乗組員たちを一人前の漁師に育て上げ、「漁師になってよかった」「大傳丸に乗ってよかった」と思ってもらえたらこの上ない喜び

漁魂

2020年東京五輪、「江戸前」が「EDOMAE」に変わる！

大傅丸六代目漁労長
大野和彦

東京・田園調布の小さな出版社
有限会社ソーシャルキャピタル

はじめに

「江戸前」とは、水産庁が2005年、「豊かな東京湾再生検討委員会食文化分科会」において、「三浦半島の剣崎（劔崎）と房総半島の洲崎を結ぶ線の内側」、つまり東京湾全域と定義づけた。

江戸時代後期の1819（文政2）年には、「品川洲崎と深川洲崎を結んだ内側」とされた文書があり、明治になると「神奈川県境の多摩川河口と千葉県境の江戸川河口を結ぶ線」と記され、この「江戸前」の範囲は時代とともに拡大している。

徳川家康が江戸に幕府を開いて以来、江戸城内に海産物を献上するという使命の下に発展を遂げてきた江戸前漁業は、その後いわゆる「粋」な江戸っ子気質の町人文化の中で、寿司、てんぷら、鰻の蒲焼きという食とともに歩んできた。

日本人ならば、ほとんどの人がその言葉の持つ響きに「活きの良さ」や「旨い魚」を想像するであろう。東京湾の漁師だったら、誰もがその「江戸前」ブランドを使いたくなるのは人情であると思う。

今私がやろうとしていることは、来る2020年に「江戸前」を「EDOMAE」とローマ字に変えて、ジャパニーズ・シーフードブランドとして全世界に発信することだ。江戸から明治、大正、昭和、そしてこの平成の時代になって、さらなる「江戸前」の定義が拡大すること、つまり日本のすべての海産物の代表的ブランドとして、「EDOMAE」が君臨し続けることを目指しているのである。

「何をするにも魂を込めろ」「良い漁師とは、少なく獲ってそれを稼ぎにするのが上手い奴のことだ」と言って、傍らの孫を教育してきた祖父は、そして「大舵を切るな」「遠くの目標を見つけて、そこに船を向けて行け」と教授してくれた親父は、私の『漁魂』を一体どう思ってくれているだろうか……？

「東京五輪で江戸前の魚を振るまいたい」から端を発し、「東京湾の水産資源を持続可能なものとして、次世代に遺したい」という網元三代目の漁師の、夢というか、野望のすべてを本書にぶつけてみた。

私と同じように、全国の沿岸にはたくさんの「出る杭漁師」の仲間たちがいると思う。日頃自分たちが働く海を見て、魚の資源量が心配になり、「このままではいかん、何とかせねば……」と、試行錯誤を繰り返している漁師仲間や、一方では「少々獲っても安くて商売にならないから、もっと量を獲らなければ……」「自分が漁獲調整をしても誰かが獲ってしまう……」。そんなジレンマと闘いながら、将来を不安に思っている漁師仲間もたくさんいることだろう。

一念発起、いざ何か行動を起こそうとすると、保守的なこの「ムラ社会」では、大方足を引っ張られる。でももし自分が強い信念で、正しいことをし続けて、打たれない杭になれたならば、少しは将来にも明るい展望が見えてくるであろう。本書がそんな漁師仲間たちや、次世代を託された若手漁師の皆さんの、何かの一助となれたら望外の喜びである。

目次

2章 網元三代目としての人生

3章 魚の価値を引き出し伝える漁師の仕事

資源管理時代に生きる漁師像とその育成

5章 これからをどう生きるか

写真提供／大野和彦

序章

東京五輪で江戸前の魚を振るまいたい！

日本選手のメダルラッシュに沸いたリオデジャネイロ五輪2016の閉会式が、今まさに行われている。小池百合子新都知事が、リオ市長から五輪旗を引き継ぐセレモニーがこれから行われる。2013年9月8日、国際オリンピック委員会ロゲ会長のあの「トキョー(東京)」の発表から3年、いよいよ今度は我らがEDOMAEにオリンピックがやって来るのである!

スペインのマドリード、トルコのイスタンブールと並んで、最終選考に東京が残った時には「来い、東京へ来い!」と、その行方をかたずをのんで見守っていた。

1959年生まれの私には、1964年の東京五輪の記憶は「東洋の魔女」「アベベ」「チャスラフスカ」くらいしかない。生きているうちに、もしかしたら生でオリンピックが観戦できるかもしれない。

そしてそれより何より「世界中のアスリートや観光客に、我々の獲った魚を食べてもらえるかもしれない」。純粋にそう思った。一人の漁師の目標として、それを多くの人の前で口に出した。すると様々な方面から、「そんなにたやすいものじゃない」というご意見を賜り、その反響の凄さに驚いた。

なんでも、五輪への水産物の供給には、ロンドン五輪以来、今回のリオ五輪でも踏襲された世界基準があるのだそうだ。その代表的な国際基準が「MSC（Marine Stewardship Council：海洋管理協議会）」認証らしい。「海のエコラベル」として、資源及び環境に配慮した、持続可能な漁業で漁獲される水産物のみに与えられる認証制度である。そんな言葉は今まで意識したことはなかった。

このままだと、2020年に東京五輪・パラリンピック（以下、東京五輪）の選手村で出される江戸前寿司のスズキはドイツ産になるらしい。それどころか、江戸前寿司のネタのほとんどがヨーロッパ産になることを耳にした。

「なんだそれ?!」

全世界が注目する中で、世界文化遺産にも認定された「和食」の中心的な存在である魚に対して「地元江戸前漁師として、そんなみっともないことができるか！」という血が騒いだのである。

乗り越えるべきハードルが高ければ高いほど、それを達成した時の喜びもひとしおであろう。今後は大傳丸の乗組員たちや、海光物産のスタッフたちとも、この夢を押し付けることなく、共有していくことが最も大事になってくると思う。自分一人の力では、とうてい叶えられそうもない夢であることは間違いない。私の意識は２０２０年東京五輪決定を境に一変した。

資源管理に気づかせてくれた二人との出会い

その少し前の２０１５年11月、「魚から考える日本の挑戦～２０２０年に向けた持続可能な調達と食～」と題したシンポジウムが、都内で開催されることをＳＮＳで知った。その題材がまさにツボだったので、夜に操業の時期ではあったが、寝る時間を削って参加させていただいた。

当日会場に行って、まず驚かされたのが、４００名を超える参加者の数だった。当然ＭＳＣ日本事務所の漁業担当マネージャーの鈴木允（すずきまこと）氏を始め、見覚えのある面々も何人かお見かけした。

「持続可能な水産物」にいち早く着目した民間企業の、とりわけCSR（企業の社会的責任）や環境問題の担当者、学識経験者、その他各水産団体の方々などにとって、この題材が今、いかに関心が高いかを初めて目の当たりにしたわけである。日頃、井の中の蛙の私にとって、この現実はかなり衝撃的なものだった。

次いで目を引いたのは、同時通訳のヘッドセットだ。つまりパネリストに外国人の方がいらっしゃる、ということである。MSCは1997年、WWF（世界自然保護基金）とユニリーバが合同で創設し、本部をイギリスに置く組織だ。また資源及び環境に配慮した持続可能な漁業に認証マークを付与すべく、巨大企業によってWWFを始めとするNGO（非政府組織）が相次いで設立されたことも追い風になっていることは間違いない。

そんな会場の中でまず口火を切ったのが、築地マグロ仲卸三代目の生田與克（いくたよしかつ）氏であった。チャキチャキの江戸っ子といった感じの、気取らない、べらんめぇ口調での講演は、少し重たい雰囲気のあったこのテーマを、一瞬で、参加者一人ひとりが身近なものとして考えるムードに変えた。

生田氏の話の中で特に印象的だったのは、日本とフランスの食に対する国民性の違いだった。太平洋クロマグロと日本ウナギが、国際自然保護連合によって絶滅危惧種に指定されたと聞いて「これは大変だ、マグロもウナギも食べられなくなるから今のうちに食べておこう」というのが日本の消費者。これに対してフランスのマダムは「あら大変だわ、今日から我が家ではマグロもウナギも食べるのを控えましょう」と考えるというのである。何とも恥ずかしい話だけれど、そんな光景がリアルに私の目に浮かんだのである。

次いで演壇に立ったのが、カナダからいらっしゃった方であったと思う。すかさず手元のヘッドセットを耳に付けて構えた。かつてカナダでもタラの乱獲で資源量が崩壊寸前にまで陥った時に、漁獲規制を行ったことで、それが回復したことなどをお話しされた。

続いて2、3人の外国人の方々の話のあとに登壇されたのが、直前までヘッドセットを付けていなかった日本人だった。つまり英語が理解できる人ということだ。この人こそ、のちに私に大きな影響を与えた村上春二(むらかみしゅんじ)氏であった。

村上氏はまず、ご自身が勤務するオーシャンアウトカムズ(Ocean Outcomes:略称O2)の活動について説明された。滑舌のはっきりした、耳に自然に浸透するような村上氏のお話に、私はすっかり引き込まれていった。

その時「漁業改善計画（ＦＩＰ：Fishery Improvement Program）」という言葉を初めて耳にした。この計画は、持続可能な漁業を目指す漁業者、つまり我々のような漁業者が現在抱える問題点を、Ｏ２のスタッフが分析し、解明し、彼らがその改善方法を提案するというプログラムであった。

２０２０年までにＭＳＣ漁業認証取得を目指そうとする私にとって、問題だらけであろう我々の漁業が、今すぐにでも取り組まなければならないのはこれではないか、と率直に思った。


シンポジウム終了後に村上氏を直撃しようと「その時」を待っていた。なぜか彼とは気が合うような気がしていた。実際お会いしてみると、彼も誠意をもって対応してくれた。この時、話をしながら、私の中ではすでに「ＦＩＰに取り組もう」と決めていたのではないかと思う。村上氏とはその後、何度か酒を飲んだりして、親交を深めていった。やはり私の直感の通り、彼とは馬が合った。

ある時、その村上氏が外国の方を紹介してくれるというので、銀座で会食をすることになった。17歳のころ、１か月半ほどアメリカでホームステイをしながら生活した経験のある私だが、「あれから40年……」である。自己紹介くらいは英語で話そうと、翻訳アプリを駆使した文章をプリントしてポケットに忍ばせていた。「書いたものを読むくらいはできるだろう」という甘い考えが、間違いの始まりであった。とにかく大変な恥ずかしい思いをして、サプライズを計画したことをとても後悔した。村上氏の流暢な英語は、その気持ちに拍車をかけた。

人間とは何か強烈な経験や衝撃を受けた時に、何かの行動をするものである。無性に英会話を習いたいという衝動に襲われた。そうかといって、今さら英会話学校に通うという選択肢はない。

「そうだ、あれだ！」

プロゴルファーの石川遼君や、前年のシンポジウムで口火を切った生田與克さんがＣＭに登場していた〝あれ〟である。今は風呂に入りながら聴くのが習慣になっている。

話を戻そう。

ＭＳＣの鈴木さんとの出会いは、彼が築地魚河岸の大手の荷受会社に勤務していて、競り人として弊社の担当になった時である。競り人とは、市場で毎朝行われている「競り」を仕切る人のことで、「仕入れ」と「競り」が主な仕事だ。２００８年ころだったと思う。

我々の獲ってきた主にスズキを中心に売ってくれていた。そんな商売上の取引先の担当であった彼は、京都大学を卒業して、三重県で漁師の経験もある、いわゆる変わり種であった。

のちに聞いた話だが、彼が競り人になったきっかけは、漁師時代に「自分が獲った魚がどうやって流通して行くのか？」ということにとても興味があったからだそうだ。

しかしその流通に入ってみると「実にもったいない」ことが日常的に行われているのを目の当たりにして、価格決定のメカニズムに疑問を持ったらしい。

やがて彼はその荷受会社を辞めた。

私としては、せっかく気心が知れてきた競り人にいなくなられては困るので、必死に制止したのだが、彼の気持ちは変わらなかった。理由は東京大学大学院に通うためである。

やはりどこまでも変わり種であった。大学院では水産流通と水産資源の研究を重ね、修士号を取得した彼が選んだ再就職先が、ＭＳＣ日本事務所だったのである。

「東京五輪で江戸前の魚を提供したい」ということを口にしてからＭＳＣ認証の存在を知り、その壁の高さを感じ始めてきた時に、ＭＳＣ日本事務所の漁業担当として赴任してきたのが、なんと、その鈴木さんだったのである。何か見えない糸で手繰り寄せられたような感じがした。

彼の勧めもあって、取り敢えずＭＳＣの予備審査を受けることになった。予備審査と言っても、数百万円の費用がかかる。全容をあまり理解できないまま、農水省に助成金の申請を出し、手作りのパネルを持ってプレゼンに行った。

8分間の持ち時間の中で、東京湾漁業の実態と将来への展望を熱く語らせていただいた。そして鈴木氏の指導の下、申請の準備をした。その甲斐あってか、その後に対応する窓口が移管された関東農政局とのやり取りを経て、費用を半分助成していただけることとなった。まんまと彼のプロトタイプとなったのである。

ＭＳＣ認証は、ＦＩＰの延長線上にあるものと考え、ＦＩＰに対する補助金の申請もした。ここからが厳しい道のりであった。

MSC予備審査で感じる世界基準の資源管理

2015年12月から約3カ月間、MSCの予備審査を受けた。欧米流の審査基準はしばしば私を驚かせた。

まず要求される資料やデータの多さである。

過去10年間に及ぶスズキの水揚げ量の実績などは覚悟をしていたが、混獲魚や海洋に廃棄される未利用魚の種類と数量、その中で死んでしまった魚の数、監視機関や法的規制の有無、資源評価に基づく漁業管理計画などの提出を求められたのには面くらった。さらには漁業が海鳥に与える影響や、誤って鳥を殺したことがあるかなどの項目もあり、かつて全く意識の中に入ったことのなかった分野にも質問は及んだ。

国際的に見れば、日本の資源管理は非現実的だ。詳しくは後述するが、すでにクリアできている数字を目標としているのだ。

そんな状況の中、自らが資源を管理することは可能なのだろうか。言い換えれば、魚をなるべく獲らないようにするのに莫大な投資をすることのメリットがどこにあるのだろうか、と思わざるを得ない。

考えれば考えるほど不安にならざるを得なかった。ただ言えるのは、決めるのは自分たちで、それを誰も助けてはくれないということである。

環境保全や資源管理といった分野では、欧米先進国に日本は十数年の遅れをとっていると言われている。というよりも、彼らも資本主義経済の中で、かつて環境破壊や乱獲を経験してきて、「このままではまずい」ということに気づいたのが、日本人より十数年早かったた、ということなのではないかと思う。

日本の現実といえば、通常のものより30パーセントぐらい価格が高い、MSC認証マークのついた水産物を応援しようと思い、積極的に購入する消費者がいる一方で、スーパーの店頭で、300円でビニール袋に詰め放題に群がり、袋が破けないようにギリギリまで引き伸ばして一番多くの魚を詰め込んだ人が「袋詰めの達人」と称賛され、それを取り上げるマスコミもいる。両者の意識の隔たりは果てしなく大きい。

そんな達人の前では、資源が無駄に使われるのは自明のことで、そのしわ寄せが生産者に押し付けられたのでは、水産業に限らず農業も成立しない。

何より自然の恵みに対する感謝がないし、地球に対しての愛がない。地球環境のみならず、漁業経営も持続可能なものであるためには、当然利益を上げて行かなければならないし、それはきれいごとを並べても実現できる話ではない。

しかし、今我々が持続可能な漁業経営にチャレンジして行かなければ、もしかしたら我々のバトンを受け取った後続のランナーが、次にバトンを渡すランナーを指名できないがために、永遠に命が尽きるまで走り続けなければならないかもしれない。そんなリレー競技に、初めから参加したい人はいるだろうか……いるはずもないのはわかりきっている。

「東京五輪でアスリートたちに江戸前のスズキを振るまいたい」という単純な私の夢は、こんな大きな問題があることを気づかせてくれた。

1章

日本の漁業が衰退している現実

漁業が衰退しているという認識を持っている消費者は、もしかするとあまり多くないのではないだろうか。よしんばそんな情報を目や耳にした消費者がいたとしても、その原因が何であるのか、その影響がどこまであるのかを知る人は多くないように思われる。

漁業衰退の原因はどこにあるのか？

国内メディアや水産庁は、子供の魚離れに注目し、『平成20年度水産白書』で、日本人の「魚離れ」に警鐘を鳴らし始め、今でもその傾向は続いている。

仮に漁業衰退の原因がその魚離れにあるとして、これを食い止めたいと思う消費者がいたとするならば、魚離れはたくさん魚を食べることで改善され漁業を支えることができるであろう。

また一部では、韓国や中国の漁船が、日本の漁場に来て乱獲をしているという報道もある。漁業の衰退の原因が「資源の減少」にあると考えるとするならば、魚離れとは逆に、魚の消費を控えて資源の回復を待つということで漁業の持続可能性に貢献するであろう。

他方、海外メディアは「無秩序な乱獲による水産資源の減少」を指摘することもある。

漁業衰退の原因はどこにあるのか？　資源管理をする上での問題は何なのか？　魚離れなのか？　資源の減少なのか？　無秩序な乱獲なのか？

漁業が衰退していることの原因をどのように捉え、資源管理をどう理解するのかによって、問題への向き合い方は大きく変わる。


日本の漁業を歴史的に見ると、近海の漁場が飽和状態になると、沿岸から誰にも占領されていない漁場である沖合、さらに遠洋へと漁場の開発は進み、国内の消費を満たすために世界中の海から魚をかき集めてきた。

が、しかし、1970年代に世界各国が沿岸200海里の排他的経済水域を宣言するようになると、日本漁船は一気に締め出され、漁場の拡大戦略は終わりを告げ、それを輸入魚で補うようになった。

1980年代に予想外のマイワシの豊漁期もあったが、1990年代に入るとそれも激減した。天然ものがだめなら養殖で代用ということになるが、養殖魚の餌もやはり輸入に頼らざるを得ない。

この少し前から「獲る漁業から作り育てる漁業」へと、水産庁による水産行政は重点を移してきた。その一環として行われてきた種苗放流（＝人為的な設備、環境下で育成した稚魚を海に放すこと）も、こと東京湾のスズキに限って言えば、「その資源量は高位である」という大方の見解によって、ここ十数年ほど行われてはいない。

ただ、世界的な魚食の普及の中で、安定した輸入魚さえも確保できなくなり、結果として肉のシェアが伸びているというようにも見える。

開発や汚染との闘いの歴史・東京湾

我々の働く東京湾の歴史は「開発や汚染との闘い」の歴史でもある。

無秩序と言わざるを得ない沿岸の埋め立て開発は、魚の産卵場所を消滅させた。自分たちの大切な漁場を、激安な補償金と引き換えに「切り売り」してきたツケが、今まさに回ってこようとしている。

そのころ、つまり高度経済成長期の漁師の頭の中には、

「自分たちの海だから、いくらくれれば埋め立てしてもしょうがねぇ」

「俺たちの海を汚したんだから、いくらよこせ」のようなある種の「おごり」があったのではないかと思う。

もちろん公の海を埋め立てて土地を造成する時に適用される「公有水面埋立法」という法律がある。埋め立てしたということは、利害関係者が同意したということでもある。

これからの時代に漁師に必要なこととは何なのだろうか。

私は「水産物や漁場は大切な日本の資源であり、必ずしも漁師だけのものではないという認識を持つこと」だと思う。それを大事に有効活用して行くことが、真面目に職業としての漁業に取り組むということ、すなわち社会貢献なのだと思う。どの船が何を獲った、どのぐらい獲ったとかは、もはやそんなことは二の次だ。

重要なのは「求められている魚を今必要なだけ漁獲し、しかも最高品質を維持しつつ、自分たちの漁業経営が成り立って行けるような価格で販売して行くこと」なのだと思う。「単価が安いからたくさん獲って金額を上げる」という発想は、今すぐに捨て去らなければならない。流通業者には「市況が悪くてどんなに安くても、漁師が獲って出荷してくるから」という言い訳は、絶対にさせてはならない。獲りたい気持ちを我慢して獲らない漁

師のものを、流通業者は次に出荷してきた時には率先して高値で売っていくべきである
し、消費者はそれを応援するべきである。

もちろん「良いものをどこよりも安く」というのは、消費者にとって確かにありがたい話で、流通業者としてはそれを目指して努力してほしいとは思う。しかしそれはあくまでも適正な競争であるべきものだ。

法外な広告を打ち出し、そのしわ寄せを産地に押しつけるのは大概にしてほしいものだ。「○○○円で詰め放題!」に群がる消費者の陰で、泣いている生産者がいることを忘れないでほしい。

先進国の消費者としてのプライドを持って、「職業消費者としての職人の目」を、もっともっと養ってほしい。そうでないと、日本人は本当においしい魚を食べられなくなってしまうかもしれない。

一攫千金、一網打尽をやめたキッカケ

私を「魚を獲らないことに投資する漁師」へと大きく駆り立てた、2つの文章との出会いがある。

一つは『魚を獲り尽くす日本人』(Wedge 2014年8月号)。この衝撃的なタイトルの雑誌をある会議前のテーブルに差し出したのは、漁業協同組合長を過去に2度も務めた同業の大先輩である。私は「日本人が魚を獲り尽くすってどういうこと?」と素直にこの雑誌に引き込まれていった。

2014年11月、国際自然保護連合(IUCN)によって、太平洋クロマグロとアメリカウナギがレッドリスト、いわゆる絶滅危惧種と指定された。これらの種の最大消費国である日本に対して、世界レベルでイエローカードを突き付けたということである。レッドとかイエローとか、漁師の自分たちには、違反操業以外はあまり馴染みのない感覚である。つまりパンダやトキと同じレベルで絶滅の恐れがあるということだ。

世界でもそれらを食べる民族は他にいないであろうとでも言わんばかりに、日本に対して名指しで警告を発している。善意で解釈すると、「もう少し獲るのも食べるのも控えてくれ」ということである。

前述の築地のマグロ仲卸の生田與克さんの話を思い出していただきたい。

欧米の消費者と日本の消費者の意識の違いを痛烈に指摘されているわけである。魚が安く、経営が苦しいのは「日本人の魚離れ」が原因であるとして魚食の普及をスローガンに獲りたいだけ獲るのではなく、魚の価値を最大限に引き出す努力をして、それを情報発信してきたと自負してきたけれど、この雑誌のページをめくってゆくと、世界の中の日本の漁業の在り方について、「何かが違う」と次第に疑問を感じるようになっていった。


もう一つは、『漁業という日本の問題』（勝川俊雄著／NTT出版）だ。勝川先生は、水産資源管理と解析の権威で、執筆当時は三重大学准教授で、現在は東京海洋大学准教授をされている。2016年1月に、日本橋で開催された「豊年萬福塾」でご一緒させていただいた。この本もまた衝撃的なタイトルだ。

「漁業が日本の問題なの？」「魚獲りって日本にとって不利益なことなの？」と、またまた素直に引き込まれて行った。

実はこれらの本は、2020年の東京五輪に地魚を提供することを目標に掲げる私たちにと、先述したＭＣＳ鈴木允氏からいただいたものである。

勝川先生のこの著書の中では、詳細にデータやグラフを用いて、本当に日本の漁業が抱えている問題点を鋭く指摘されている。

ピーク時に１００万人ほどいた漁業者数は、今や17万人ほど。漁業生産量は１９８４年の１２８２万トンから２０１２年の４８６万トン、３分の１まで減少している。誰がどこから見ても衰退産業と言わざるを得ない。しかし北米、北欧、インドや東南アジア、中国、日本を除く世界各国の漁業は成長産業となっている。

一体どうしてなのだろうか？

世界との差を感じる日本の資源管理

世界との成果が違うことの原因を、私如き者が一言で語るのはとても恐れ多い。しかしどうやら世界の漁業の現状は、それぞれ独自の「資源管理」を行ってきた成果の現れであるように読み取れるのである。

勝川先生の著書の中で、資源管理の視点として次の4つを挙げている。

（1）研究者がＡＢＣ（Acceptable Biological Catch：生物学的許容漁業量）を設定する。

（2）それに基づきＴＡＣ（Total Allowable Catch：漁獲可能量）を設定する。

（3）それを漁業者や漁船ごとに割り当てるＩＱ（Individual Quota：個別割当）を導入する。

（4）その割り当てられた権利を貸与できるＩＴＱ（Individual Transferable Quota：譲渡性個別割当）を導入する。

我が国でも（1）は水産庁の外郭団体である水産総合研究センターが行っている。（2）は水産政策審議会なる中で決められてはいるようだが、これがどうも非現実的なもののようだ。ＡＢＣを設定する水産総合研究センターは、運営資金の関係で水産庁には遠慮しがちで、ＡＢＣをもとに決められるべきＴＡＣは、漁業関係者が多くいる水産政策審議会で決定されるため、実際の漁獲量をはるかに超える設定がなされている。対象となる魚種も7魚種（サンマ、マイワシ、サバ類、マアジ、ズワイガニ、スケトウダラ、スルメイカ）と少ない。また、（3）ＩＱと（4）ＩＴＱに関しては、日本では導入されているところはほとんどない（2006年4月にミナミマグロ、2007年9月に日本海ベニズワイガニがIQを導入）。

つまり、現在日本で行われている資源管理は、漁獲の総量だけが決められているので、早い者勝ち、いわゆる「オリンピック方式（ダービー方式）」と呼ばれるものでしかない。

これでは漁師同士の漁獲競争が激化し、漁期初期に操業が集中するため当然市場では値崩れが起こる。漁師は売価が安くても数量達成のため魚を獲り続け、結果的に資源は枯渇し、気づいた時には廃業にもなりかねないのである。

さらに付け加えると、元々魚卵に価値のあるもの、東京湾で言えばボラの卵（カラスミの原料）や、子持ちガレイなどを除くと、特に産卵期の子持ちスズキは、市場では二束三文の値段しか付かない。それなのにその漁獲を規制する規則すらない。一部では市場で売れないから加工原料に回すという、スズキのブランド化を進めてきた我々にとっては、反社会的とも言える行為が行われている。

魚を減らさないための最有力手段は、親を殺さないこと、卵を産ませてやることではないのか？　我々が水揚げ日本一を誇り、最盛期にはキロ２０００円、３０００円で売れる江戸前船橋のスズキを、今日の稼ぎのためにキロ１００円、２００円で何トンも殺す、しかも1尾が数10万もの卵を持ったスズキを。

そんなことで資源管理が可能なのだろうか？

資源管理という言葉はこうも軽いものなのか？

漁師にとって「環境保全」「生態系アプローチ」の意味とは？

そもそも「環境保全」「生態系アプローチ」とは何なのか？　我々漁師にとって、表裏をなす課題であると思うので、ここで触れてみようと思う。

(1)　環境保全

長く漁師として「魚を獲るということ」を最優先課題として生活してきた私にとって、まず「環境」というと、自然環境であったり、市場環境を意味することであった。

海洋汚染、特に油の流出などは大きな問題であるから、そんな事故があった時などは、その原因や責任を追及し、当事者には再発防止を強く要請してきた。「海の番人」として自然環境を守る役割を果たしてきたのである。

他方、市場環境と言えば、つまりは魚の相場である。日々各地の市場からの〝売り報告〟を聞いて、操業中に網に入っている対象魚種が、極端に安くなっていたりすれば、生きているうちに網から放したり、時には凪（なぎ）であっても自主的に休漁して市場環境を維持してきた。

我々が行ってきた「環境保全」は間違ってはいないと思うのであるが、一部の行き過ぎた自然保護的立場の方々から言わせると、海の環境を漁獲ということで、あるいは漁具などで破壊してしまう漁業はけしからん、ということになってしまう。究極的には「魚は一切獲るな」と言いたいのであろうか。

それは断じて間違いだと思う。いくら何でもそれは我々漁師に対する人権弾圧に他ならない。魚を獲ることで世界の食料自給に貢献し、人々の生命を維持するために、誇りを持って命がけで海に出ている漁師に対する冒とくとも言える。

(2)　生態系アプローチ

我々のようなまき網漁の漁師にとって、この「生態系アプローチ」というのがとても厄介な問題である。

MSCの予備審査で求められた、正直面倒くさい要求を満たすことが生態系アプローチとされているようだ。これがいわゆる世界基準なんだと思った。

今後はこのようなグローバルな感覚を持たなければならないし、言われてみれば確かに資源管理においても、単一対象魚だけでは不完全な管理と言われても仕方がない。

これらの課題について重要なことはバランス感覚なんだろうと思う。あまり極端な議論は、本末転倒になりかねない。大事なことはこれらの言葉が意味するところを日々考えながら操業することだと思う。ただ認証を目指そうとすると、これらのことにも配慮しなければならないという、悩ましい問題であることは間違いない。

東京湾における「共有地の悲劇」

「共有地（コモンズ）の悲劇」とは、アメリカの生態学者、ギャレット・ハーディンが、1968年に提唱した経済学の法則である。

「共有の牧草地で何人かが放牧で生計を立てていたが、そのうちの誰かが自分ばかり収入を上げようと、牛の数を増やす。次第に誰もがそう考えて牛の数を増やして行くと、その牧草の再生産量が追い付かなくなる。牛は太れず、その結果減収となり、これを解消するためにさらに数を増やす。子牛の購入コストは増し、管理費もかさみ減収となり、ついには全員が赤字となってしまう現象」を指している。

我々漁業の世界でもこのような話はよく聞くことである。

日本中の漁師がそうだとは思わないが、私の周りの漁師たちの気質は、

（1）人に漁で負けたくない

（2）人並なら仕方ない

（3）抜け駆けする奴は許さねぇ

といった気持ちで、しのぎを削っていることが往々にしてある。

例えば漁場を共有している誰かが、良い漁場に誰よりも早く行って、他の人よりも漁獲高を上げようと、新型エンジンや、または新船を借金して導入したとする。あるいはできるだけ大きな（効率の良い）漁具を搭載して、一日当たりの漁獲高を上げようとする。

負けてなるものかと、他のライバル漁船も後を追う。共有する漁場の資源量が科学的に推定され、増加する漁獲圧（漁獲高を上げようと資源に対してかける圧力）にも耐えうる期間までは、いわゆる「切磋琢磨」して一定の成果が上げられるかもしれない。

しかし、共有する漁場の資源量の「加入や成長」を、漁獲圧が上回った場合、その漁場全体の生産量は減少し、個々には借金の返済が重くのしかかり、やがて漁師たちは共倒れとなる……といった、極めて悲劇的結末が待っている。

ならばこの状況を打開するためにはどうしたら良いのであろうか？

答えは簡単である。競争をやめれば良いのである。競争して成長できるのは、資源量が豊富な時と市場価格が高値で安定している時である。ではそうではない時に競争をやめるにはどうすれば良いのであろうか？

資源管理において、とかく（1）の漁師気質のみクローズアップされがちである。しかし重要なのは（2）と（3）の気質に、この問題を解決するカギが隠されているような気がする。

次ではこの「漁師気質」について、もう少し考えてみることにしよう。

漁師気質を問う

（1）「人に漁で負けたくない」

狩猟本能、経験と勘、あるいは技術革新と努力。そういう言葉を携えて漁師は生き抜いてきた、と言えば聞こえは良いかもしれないが、こと都会の海、東京湾においては、埋め立ての漁業補償や、国や県の助成金などを支えに、何とか生き延びてきた、という方が近いかもしれない。

漁師の数はかなり減ったが、今でも頑張っている船主たちの真髄にあるのは、やはり「人に負けたくない」という、漁師気質あればこそだと思う。

東京湾の漁船漁業は、我々まき網漁業と底曳網漁業が双璧であるが、各々狙う魚種によって自分の使う道具を、試行錯誤を重ねて、オリジナルハンドメイドで改良を重ねてきた。人に負けないために職人たちの成せる技である。

例えば30年前の底曳網漁の主要魚種は、9割以上がマコガレイ、イシガレイであった。スズキを狙う人は千葉県北部（船橋、行徳、南行徳、浦安）海域ではほんの数名しかいなかった。

しかし、1997年7月に発生した「ダイヤモンドグレース号原油流出事故」に際して、大量に散布した中和剤が海底に沈殿し、それ以来カレイ類の水揚げが激減し、底曳業者たちは、狙いをスズキにシフトさせた。結果として人によってその水揚げ高に年々格差が生じているように思うのだが、一途に漁のことを考えて、日々研究している人はやはり凄い。

親父が生前、「明日の海での働き（事業計画）を決めるまでは眠れない」とよく言っていた。私の場合、どちらかと言うと行き当たりばったり、良く言えば臨機応変型である。思えば35年のキャリアの中で、前半は親父の教えの通り、明日の操業計画を立ててから寝ることにしていた。だが、経験不足による読みの甘さから、ほとんどの場合が計画通りには行かなかった。であるからこそ、その日の海を読み切り、己の道具を使いこなして、他の誰よりも漁獲高があれば達成感がある。乗組員たちも同じ思いだ。

(2)「人並なら仕方ない」

自分たちの魚の販売を委託してくれている底曳の船主の人たちに、我々海光物産は週に一度「仕切書」を発行する。水揚げ日の翌日発行する「水揚げ日報」には単価は記載されていないが、ここには一週間分の魚種別の数量、単価、水揚金額が記載されている。

つまり海光物産が、出荷経費と手数料を引かせていただいて、「〇〇丸さんに支払う一週間分の金額」がこれに記載されているということである。

長年漁師をやっていれば、「この時期のこの魚」の相場観は誰しも持っているし、成績表のようなものだから期待もしている。ところが、何らかの原因で、単価や数量が自分の思惑と大きな隔たりがあった場合、問屋に一言いいたくなるのが人情でもあるし、委託者である船主にはその権利がある。

「この日のスズキは安すぎないかい?」「あの日はカマスも10キロくらいはあったはずだ」などと、時々問い合わせがある。まき網2ヶ統(船団を組んで操業する我々まき網漁業者は一船団を「1ヶ統」と呼ぶ。ここでは大傳丸と中仙丸の2ヶ統のこと）以外、十数隻の底曳、刺網の船主の荷を預かっているので、ごく稀ではあるが、数量の付け落ちや、思わぬ水揚げが記載されていることもある。

「足りない」と指摘されると、それがどこかの船に紛れていないか、を聞き取り調査して、どうしてもわからない場合は我々が弁償する。自分たちも漁師である。漁師の見立てを信じるほかはない。

しかしありがたいのはその逆で、漁師の記憶にない魚が仕切書についていた時にも、「この日ウチはイシモチ揚げてないよ」とか正直に申告してくれることだ。普段預かった魚を、誠意をもって扱わせていただいていることが伝わっているのだなあと、とても嬉しく思う。

また、仕切り単価がどう見ても、「ちょっと安いなあ」と感じた時などは、泣いて支払うこともある。そんな時でも、「相場の安いのはしょうがねえよ。人並ならいいさ」と笑って、「またいい時もあるよ。そんな時は頼むよ」と言ってくれる。

人に負けたくない一方で、「人並なら仕方ない」という、一見矛盾したようなところも漁師にはある。つまり正々堂々と、同じ条件の中で一番を目指したいのである。

市況が悪すぎて、明日も同じように水揚げがあればもっと安くなりそうな時などは、あえて凪でも休漁してもらうこともある。

私は漁師と問屋という立場だが、海光物産に委託していただいている船主さんたちとは、紛れもない信頼関係で結ばれている。どうだろう、ここに「共有地の悲劇」から回避する方法が隠されているのではないだろうか。

（3）「でも抜け駆けする奴は許さねぇ」

毎週土曜日と祝祭日の前日、それから市場が独自に決めた休市日の前日の漁は、基本的に鮮魚出荷の場合、休漁となる。せっかく鮮度の良いものを獲ってきても、市場に出荷できないため必ず〝留め〟となるからだ。

底曳網漁業者は、業者間の取り決めで、さらに休市前でなくても毎週火曜日が休みと決められているし、操業時間やその時間帯も季節によって決められている。それに違反した者は、それなりのペナルティを受けることになる。

一方まき網漁業者は、それに比べるとかなり自由だ。厳密には毎週一度の定休日以外の休漁日は定められてはいない。操業時間も、時間帯も自由に決めることができる。

　しかしながら我々の場合、海光物産の問屋業務もあり、時には生産調整のための時間短縮や、休漁依頼をするため、自らのまき網漁業の方も、冒頭の休漁日に従っているし、市況を見ていると、それでも休みが足りないくらいである。

　それとは別に船橋の場合、漁業組合が「船止め」を通達する日が年間に何度かあるが、いずれにしてもその意味は「抜け駆け」を許さないだけでなく、資源管理という立場に立った時に、東京湾という共有地を守るのは、そこに生きる人た

16人体制で行われるまき網漁。彼らの人件費を始めとする経費と現在の魚の市場価格を考慮し、最適漁獲量を決定する

ち、一人ひとりの考え方やモラルではないのかと思うからである。

仮に行政が指導して一定のルールを作り、それに従うというのも悪くはないが、それも現実的ではないし、時間もかかる。それよりは、この漁師気質こそ極めて自主的であり、独創的であると思う。

「自分さえ良ければよい」という身勝手な考え方が、やがては「共有地の悲劇」を生むことは、先にも述べた通り明確である。

ならばもっと知恵を使おう。我々は先人たちの資源管理によって、幸いなことに東京湾で漁をさせてもらっている。素晴らしい価値のある水産物があり、次世代にもそれを残して行く義務があると思う。「人並ならいいじゃないか」「人に著しく負けないように頑張ればいいだろう」と思うのである。

2章

網元三代目としての人生

私は、網元の三代目として1959（昭和34）年8月12日、雷の激しくなる中、長男としてこの世に生を受けた。ことのほか祖父は男児誕生に喜んで、「雷の夜に生まれたから、名前は『雷蔵（らいぞう）』にしよう！」と言ったそうである。

その逸話を後に母から聞いて、その時の祖父の心境に想いを馳せた。カミナリのように激しく荒々しい男に育ってほしいと思ったのか、それとも当時一世を風靡した映画俳優の市川雷蔵のように、凛々しい男前に育ってほしかったのか。

実際に付けられた「和彦」という名前とのギャップに少々困惑しつつ、とにかく祖父が跡継ぎの誕生を心底喜んでくれたことはよく理解できる。


小学校に入る前から「男だから」という理由で、父親に度々漁に連れて行かれた。ある意味で名前のイメージ通り、小児喘息持ちのひ弱な少年和彦だったが、船が旋回する度に傾（かし）ぐのに興奮したり、生きた魚を見て何だかワクワクしたり、極め付けは魚と一緒に網の中で泳いだりと、船は楽しいものだという印象をこのころ父親によって植え付けられたような気がする。

夕方漁が終わって、実家の前で魚の出荷の荷造りをする。片側一車線を占拠するため交通は大渋滞となり、しばしば警察から叱られはしたが、何故か優越感的なものを感じていた。今そんなことをしたら、間違いなく営業停止は避けられまい。

そんな少年時代であったので、おぼろげながらも「大人になったら漁師になるんだろうな」と思っていた。ところが小学校の高学年になったころ、つまり高度経済成長期になると、東京湾は環境に全く配慮のない埋め立てや水質汚染に見舞われていた。

「東京湾漁業も、もはやこれまで」

そう思ったのは父親だけでなく、ほとんどの船橋の漁師が感じたことだろう。

「和彦は大学に行かせて弁護士にでもする」

後に母から親父がそう言っていたことを聞いた。水産高校に進学を希望していたが、祖父の半ば強制で断念せざるを得なかった父は、学歴に対してのコンプレックスを持っていたのか。というよりも、子供にはそんな悔しい思いをさせたくないと思っていたのであろう。

そんな親の思いがあって私は大学に通わせてもらったのであるが、親の意に反して商学部に進学した私は「どうせ将来は漁師になるんだ」とばかりに、おそらく周りの誰よりも好き勝手をさせてもらっていた。とは言っても、遊ぶ金欲しさにやる夏休みのバイトは当然家業であった。他のどんなバイトよりも稼げるということを知っていたからである。

商社を目指した大学時代

そんなお気楽な気持ちで学生生活を謳歌して、遊んでいられるのもあと1年くらいになったころ、遊び仲間たちは就職活動が忙しくなり、何か自分だけが取り残されて行くような気がしていた。

「商社マンになりたい……」

それまで将来の仕事が漁師以外の選択肢のなかった私だったが、この時初めて「商社に入ってみたい」と思うようになった。

理由は商学部で貿易やマーケティングを学ぶ中で、優れた日本の製品をとてつもなく広い海外という市場に売り込んでみたかったからである。

当時「総合商社」は、商学部の学生の憧れでもあった。茶髪と言うか、金髪に近いぐるぐるパーマをリクルートヘアにして、紺のスーツで何社か会社訪問にも出向いたりもした。

自分は漁師になる以外の選択肢が初めて芽生えたのであるが、「そうか、頑張れ」と応援してくれる父親ではなかった。

この何年かで東京湾の環境が改善されていたのも理由だった。法的規制の甲斐あって、汚染されていた海がきれいになり、大量の中羽イワシが毎年回遊してくるようになったのである。

一度はあきらめかけた海が生き返った。陸に上がってサラリーマンになった人も、続々と船に戻ってきていたし、同業の網元の跡継ぎたちもみんな高校を卒業してすぐに漁師になっていた。

「何が商社だ！」「人に使われるようでどうする！」
「自分の人生は自分で決める、漁師になんかなりたくねえ！」

もはや家を出るしかないと考えていた矢先に、あろうことか祖父が倒れたのである。病床に伏した祖父が、私の手を握り家業の後を託したのである。

まるでドラマのワンシーンが自分の目の前で起こった。

商社マン漁師として、営業マン漁師として

結局は親父の反対と〝祖父の願い〟に押し切られ、商社への夢は儚(はかな)くも消え去ったのだが、あれから35年の月日を経た今、なんと自分たちの商品を海外へ輸出しようとしているではないか。思えば海光物産は魚介類の専門商社だ。57歳になった今、まさか憧れの商社マンになっていたとは、人生とはやはり面白いものである。

父親が生前残してくれた手記(『楽しい船の愛唱歌』)によれば、昭和42年ころ、海苔養殖が豊漁で、姉ヶ崎の海苔問屋を通じてサンフランシスコに輸出したこともあったようだ。平成の今になっても、もちろん直接の商売はできるはずもないので、間に商社に入ってもらうことになるとは思うが、心の中に封印していた巨大市場への想いが、メラメラと

湧き出してきている。

気づいたら自分が商社マンであったことにはいささか驚いたが、営業マンであるということは、ずっと以前から自覚はしていた。

正確には「瞬〆（しゅんじめ）」を商標登録して、発泡スチロールの魚箱をデコレーションして、ポスターやのぼり旗を作って、各市場に挨拶回りに行くようになってから、それは確信に変わっていた。

そもそも挨拶回りは、平成元年に海光物産を立ち上げた時に、中仙丸の繁さん（中村繁久さんのこと）と日本中の市場を巡ったのが最初だったが、今度の挨拶回りは、市場だけではなく、飲食店の料理長やホテ

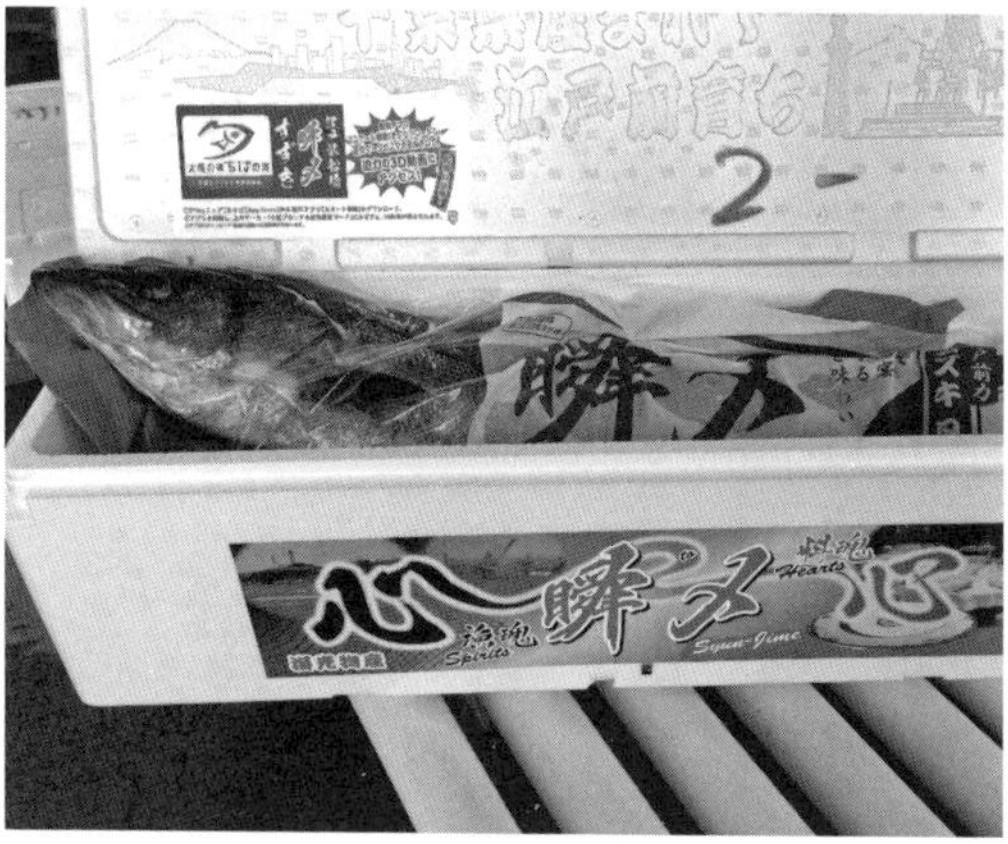

「漁師の心（漁魂=spirits）を瞬〆を通して料理人の心（料魂=Heart）に繋げていく」という想いをデザインした

ルの仕入れ担当がメインである。

ノートPCを持参し、パワーポイントで作ったスライドを見せてプレゼンをする。時にはサンプルを持参し、瞬〆と野〆の違いを見て、食べて感じてもらう。会社案内や時期ごとの価格表も作り、瞬〆の価値を訴えてあちこちを回る。

「この仕事、結構嫌いじゃない」

そう思えるのは、瞬〆が本当に旨くて、そのことを多くの人たちに知ってほしい、食べてほしい、という漁師としての想いを、直接料理人に伝えられるからなのだと思う。

営業マン漁師の仕事とは「漁魂」から「料魂」へ、まさに漁師の心と料理人さんの心、2つの心の橋渡しを、この「瞬〆すずき」を通して叶えることなのだ。

「漁魂」と祖父大野繁次郎の資源管理理念

1893（明治26）年生まれで、太平洋戦争時には戦艦「金剛」の乗務員だった祖父大野繁次郎は、終戦後11人の子供たちを始め、幼い甥や姪たちの生活まで面倒を見ていた。

当時東京湾漁業の主流は、小ざらし網というイワシのかけ網漁で、祖父も主にそれで生計を立てていた。終戦後、あぐり網（小型のまき網のこと）と「叩き」と言われる超小型の小型まき網の2ヶ統と、冬になると海苔の養殖を大きくやっていた。

祖父自身は、55歳の時に腸捻転を患って以降、船には乗らず陸、もっぱらあぐり網で使う網やその他の道具を、毎日休むことなく手入れしていた。その傍らで私は育ったのである。

時代劇のほか、野球、相撲、プロレスといったスポーツ中継が特に好きで、クライマックスシーンになると決まって手を休め、「何やってんだ、魂が入ってねえ」などとテレビに向かって「喝」を入れていたものだ。

そんな祖父から「何をするにも、魂を込めろ」と教えられ、今日この暑苦しい三代目オヤジが形成されたのである。

2016（平成28）年の夏、祖父の33回忌の法要を終えた。病に伏せ、ひび割れた手で握られ、後を託されて曲りなりにも一

「人生の師」祖父大野繁次郎

途に一つことをやってきた。

そんな江戸前網元三代目の私が、35年間ずっと大切にしている言葉がある。

「漁魂（りょうこん）」

祖父の言葉「何をするにも魂を込めろ！」。この言葉の意味を求めてここまで生きてきた。「魂を込める」とはどういうことか。心底一生懸命に物事に取り組んだり行動したりすること。つまり、漁師でいうならたくさんの魚を獲るための努力をすることなのだろう。もちろんそれも大事なことだし、生活がかかっているわけだから当然のことである。

同時に祖父はこんなことも言っていた。

「海に泳いでいる魚は、今自分が市場でキロいくらしているのか知らない」

商標登録証
(CERTIFICATE OF TRADEMARK REGISTRATION)
登録第5680035号
(REGISTRATION NUMBER)
商標
(THE MARK)
漁魂
指定商品又は指定役務並びに商品及び役務の区分
(LIST OF GOODS AND SERVICES)
第25類　被服
商標権者
(OWNER OF THE TRADEMARK RIGHT)
千葉県船橋市湊町3丁目20番6号
株式会社大傳丸

祖父に思いを馳せて書いた「漁魂」を商標登録した

「網を広げて向きさえ良ければ、そこにいるだけみんな入ってしまう」
「だからどれだけ獲ればいいかは、その漁師の知恵に任せるしかない」
「良い漁師とは、少なく獲ってそれを稼ぎにするのが上手い奴のことだ」

何と含蓄のある言葉なのだろう。

当初私は「値の良い魚だって、獲る気になれば遠慮なく獲れる道具がある。どれだけ獲れるかは漁師の腕次第だ。だからこんな面白い商売はない」と言いたかったのだろうと思っていた。

しかし大事なのは、最後の1行であった。これについては、海光物産創業時の28年前まではでは意味がよくわからなかった。

ただ、今となっては、この言葉こそが「魂を込める」という言葉の本当の意味なのではないかと思うのである。すなわち、心の奥底から漁や魚のことを考えると、魚に生かされている我が身と家族たち、そして乗組員とその家族たちのために、最適な漁をしていく努力をすることを意味していると思うのである。

つまり、必ずしもたくさん魚を獲ってくれば良い、というわけでは決してないと思うのである。たくさん獲れば、どうしても魚の扱いが雑になるし、何よりも値が下がる。人も骨が折れるし、仮に今日の魚は捌けても、明日はそうはいかなくなる。

それでも凪であれば沖に出て魚を獲ってくるのが漁師である。はたしてそこに、魂が込もっているだろうか？

祖父のこの言葉を今私なりに解釈すると、「魂を込めるとは、魚になりかわって考えること、魚がもし自分の命を俺たちに捧げてくれる時に、どこまでその価値を見出してくれたら納得できるだろうか？　それをまず踏まえたうえで、漁をするということ」でなければならない。少なくとも私が思う「漁魂」とはそういうものである。

明治26年生まれの祖父が、１００年後の東京湾の漁業資源についてまで考えていたのかどうかは、今となってはその真意を聞く由もない。しかし孫に後を託した祖父の中では、先人として「やらせても大丈夫だ」という確信があったのではないかと思う。

今、逆の立場になって、息子を持つ父親として、もし自分だったらそうだったのではないかなぁと思うのである。祖父が働いていた東京湾から100年経った今でも、先人たちの資源管理のお蔭で、なんとか漁を続けてこられている。

我が船橋は「スズキ類の水揚げ日本一」ということで、全国的にも知られるようになった。そういう場合、必ず逆説的な議論が沸き上がる。まき網はサバ、イワシといった青魚の回遊がなく、底曳はマコガレイ、イシガレイの資源が激減し、やむなくスズキに頼らざるを得ない。目標に掲げて勝ち獲った栄誉ではなく、結果的に獲得した「図らずも日本一」の称号なのである。だからこそ、今やらなければならないことが他ならぬスズキの資源管理なのである。

平成の世を生きる我々が、東京湾漁業の将来を憂いて、資源管理や環境保全を強く意識するきっかけとなったのは、恥ずかしながら「2020年TOKYO」であったことは否定できない。その中で東京湾だけでなく、日本の漁業の抱える問題や、世界との格差などを垣間見ることとなった。

我々海光物産や大傳丸は、どこを目指すべきなのか？

仮に短期的にはＭＳＣ漁業認証取得だったとして、そもそも多額（予備審査の数倍）の費用を掛けてまで、審査を受ける必要があるのだろうか？　予備審査の結果を踏まえると、このまま本審査に突入したとしても、管理体制の不備が原因で不合格となることがわかっている。ならば本質を見極め、長い目で見て行くしかない。

大切なことは、２０２０年以降も東京湾で漁業を続けて行くという強い意志があるかどうかで、それを決めるのは自分たちだということ。サポーターを求めるための努力は大切だと思うけれど、誰も我々を助けてはくれないということである。

１００年前の祖父は凄かった。確信を持って「頼んだぞ！」と我々にバトンを託して後押しをしてくれた。今度は我々が後続のランナーにそれを渡す番だ。自己ベストでコーナーを回って、今まさにそのリレーゾーンの中で手を伸ばしている。もし上手く渡せたら、大きな声で後を押してやろう。果たして受け取ったランナーがアンカーでないことを、そしてヘトヘトになってゴールに倒れ込むことのないことを祈ってやまない。

父大野義彦のことと共同事業体制

父大野義彦は、1931（昭和6）年生まれで、中学卒業後水産高校に進学したかったようだ。本人曰く、成績も運動神経も抜群で常に級長だった、とのことである。しかし終戦後の混乱の中、ほとんどの家が学校どころではなく、生きて行くのに精一杯の時代である。三男だった父は、超小型の「叩き」の船の親方を任されていた。

長男が船頭を務める大きなあぐり網の方に、メラメラと常に対抗心を燃やし、網も道具も全然小さいくせに、「兄貴なんかに負けねえ、男が違う」と思っていたようだ。

私が物心ついた時は、すでに長男の叔父は陸に上がり、親父があぐり網の親方として大傳丸の屋台骨を担っていた。私も5歳くらいになると、親父にくっ付いて船に乗っていった。その度に「すげー」と思った。

活きた魚も、その数も、親父の姿も……。小学校の入学式の当日、ちょうどまき網の網船（あみぶね）の新造船の進水式だった。この第5、第6大傳丸が、木造船の最後の船だった。それから高校1年の時に造った第7、第8大傳丸は、当時流行のFRP（繊維強化プラスチック）製で、自動車のエンジンを搭載していた。新しい物好きの親父らしいと思った。
このときすでに「株式会社大傅丸」を設立し、親父が初代社長に就任していた。

昭和47年、東京湾はＰＣＢ（ポリ塩化ビフェニール）で汚染され、親父たちは大変な苦労をした。その経験から対外的交渉力や発言力を高めるため、船橋小型まき網の3ヶ統は、共同で漁を行うこととし、各社が出資して販売会社を設立した。全国でも珍しい共同事業体制のスタートであった。

つまり自分たちの獲った魚は一度プールして、その会社ともう1社、遠縁に当たる老舗の浜問屋に委託した。発想はとても素晴らしかったが、元々はお山の大将の漁師たちの集まりである。運営して行くうちに、次第にそれぞれの言い分が違ってきた。組織を維持して行くには当然規律があり、己を捨てて時には歯車の一つにならなければならないこともあるだろう。幼いころから野球でチームプレーもやってきたし、大学でも経営学や組織論も学んできたけれど、元来わがまま育ちの私は、自分の意のままにならないと面白くない。

そんなある春の終わり、年齢も私より1つ下の中仙丸の繁さんと、私の家で飲んだ。当然仕事の話になり、いつの間にか親父も加わって3人での会議となった。これまでも共同事業のパートナーであったが、繁さんと本音で語り合ったのはこの時が初めてだった。

次の公休日に親父が緊急株主総会の開催を呼びかけた。決断が早いのも漁師である。親父も相当の覚悟を決めていたのだろう。

「自分の勝手で申し訳ないが、この共同体制から脱退する」とすぐさま言い放った。中仙丸の親父さんも間髪入れずに続いた。こうして我々2ヶ統は脱退し、やはり考えを同じくする老舗の浜問屋に魚を預けることとなった。全国でも稀だった共同漁業経営体制は、クーデターにより13年間の幕を下ろした。

当時大羽イワシが豊漁で、そのほとんどを鮮魚出荷していた。漁港内には製氷機や選別機を始め、物流のためのトラックやフォークリフト、熟練した現場スタッフやオペレーター、そして大切な売り先である市場との取り引き関係等々、鮮魚出荷のためのすべてが整っていた。当然それらに出資もしていたのだが、それを我々は自ら放棄したのである（後に第三者立会いのもと、出荷会社の株式を売却することになる）。

漁から上がってくると、港から少し離れた老舗の浜問屋の工場まで、魚とともにうちと中仙丸の乗組員は、出荷のため大移動である。しかしこのタイムロスは大きく、今まで漁港では、20トンくらいわけなかったのが、せいぜい5トンくらいしか出荷できない。残りは加工屋さんに安値で引き取ってもらうしかなかった。「仕方ない、自分たちが蒔いた種だ」と、当事者の我々は我慢できた。そして何より毎日が充実に満ち溢れ、寝る間も惜しむほど働くのがとても心地よかった。

ところが、困ったのは乗組員たちである。毎日疲れて漁から帰ってきてから、出荷のために車で移動する。その上稼ぎも少ないとなったら、当然不満が出る。6月から9月までの3か月間、1人10万円くらいずつ給料を補塡した。こんな状況になるのを、親父たちは覚悟をしていたのだろう。それでも私たち若い者の意見を汲み取ってくれたのである。

大羽イワシの最盛期も終わり、いよいよ夏のスズキ漁へとシフトして行くにつれ、2ヶ統で水揚げした魚のすべてを委託していた、老舗の浜問屋1社の取引先市場だけでは、どうしても荷物がだぶついてしまう。つまり供給過剰となり、買い手に足元を見られてしまうことになる。

「もっと別の販売先を開拓して行くしかない」

海光物産の誕生の裏側

元はと言えば、私たちのわがままから端を発したことだ。もう後戻りはできない。繁さんも私も若かったし、意地もある。新会社設立に向けて親父たちを巻き込んだ。その年の10月に新会社「海光物産株式会社」が、大傅丸と中仙丸の折半の出資で創立した。初代社長にはうちの親父が就任し、年長の中仙丸の親父さんは会長に、繁さんが副社長、そして私が常務取締役となった。

その年はほとんど何も出荷できずに終わってしまった。そして勝負の年、平成2年の幕開けとともに、全国の市場に営業に回った。昔、築地大都の競り人時代に、親父がとても世話になった鯉沼さんの紹介で、築地はもちろん、北は青森、秋田、西は岡山、広島まで、老舗の浜問屋の取引先以外の卸し先を、徹底的に訪問した。

「江戸前で、イワシやスズキを獲っています」

「鮮度は抜群で、まき網2ヶ統だから安定供給ができます」

「自分たちが獲っているので間違いはありません」

今でも使っているこの営業トークはこの時からのものだ。


一方、漁港内に作業スペースを確保するために、自家出荷していた底曳きの船主さんたちに、荷物を委託してくれるよう営業活動もした。

「皆さんの魚を預けてください。築地、仙台、名古屋だけでなく、値の良い全国の地方市場に割り振り出荷します。そして何より夕方の忙しい時間に、奥さんや娘さんが、浜に出てこなくていいんですよ」。

投資信託の勧誘のようだが、やはり女性たちのウケが良かったのだと思う。


ところがイワシの選別機、フォークリフト、中古のトラックも購入したものの、肝心な運転手がなかなか集まらない。

「だったら自分たちがやるしかない！」

午前3時に出港して、イワシを狙う。早く注文分を獲って、陸へ戻り、早く出荷準備をしなければ、また帰りが遅くなる。

今思うと、あのころの集中力と狩猟本能は、最高に研ぎ澄まされていたのだろう。遅くても必ず9時には帰港し、夕方まで狭い作業場で選別、計量、箱詰めしてトラックに1000箱も押し込む。経費をかけられないため、築地や川崎、大田、千住あたりまでは自分たちで配達する。帰ってくるころには日付が変わっていることもしばしばあった。

翌日漁が休みの日、すべての配達が築地で終わりの時には、決まって「魚河岸ラーメン」を食べた。夜空を見上げて「これがいつまで続くんだろう……」と弱気になったこともあった。想い出に刻まれた一瞬だった。けれども、私のそばにはいつも繁さんがいてくれた。

昔イワシ屋、今スズキ屋

海光物産創業当時の平成元年ころは、毎年梅雨の時期になると大羽イワシが回遊してきて、その別名入梅イワシの鮮魚出荷が全盛を極めていた。江戸前船橋のイワシはよく脂が乗っていて、「金太郎イワシ」とか「関東横綱イワシ」だとか呼ばれ、市場でも群を抜く高値が付いていた。そこで付いた海光物産の別名が「イワシ屋」だった。
毎日15~20トンを鮮魚出荷し、ましてド派手なデコレーションの箱が、100個単位で各市場の競り場を占拠するわけだから、それはもうひと際目立っていた。築地の競り場に1000箱積み上げられた光景は、まさに圧巻であり、今でもよく覚えている。

ところが、そんな状況は長くは続かないのが世の習いである。東京湾アクアラインの建設着工と時を同じくして、あれほど毎日獲れていた入梅イワシが、全く獲れなくなってしまった。イワシが来ても木更津止まりで、アクアラインで引き返してしまう。イワシからしてみれば、アクアラインが東京湾のドン突きだと思ってしまったのであろう。
建設反対の末に獲得した漁業補償金は、この状況を本当に見据えていたのであろうか?もしそうだとしたならば、あまりにも価値あるものを安く売ってしまったと言わざるを得ない。経済優先で自然環境を破壊する国策に、一時的な補償金で海を切り売りしてしまったそのツケを、今でも我々自身が払い続けている。

今、東京湾に残された〝最後の至宝〟スズキで勝負するしかない。バブル全盛のころまでは、高級魚の代表格であったこの魚も、長引くデフレ不況の中でその単価は3分の1にまで下がってしまったが、いかなる理由があろうとも、魚には一切責任はないのである。責任があるとすれば、我々人間のしたことがすべてである。

「江戸前」が「EDOMAE」になる

1997（平成9）年に66歳で他界した父義彦は、亡くなる直前に日頃服用していた薬袋の裏側に、自らの経験と想いを手記に遺していた。

幼い頃「学童横綱」「大車輪のヨッちゃん」と呼ばれ、力が強く、運動神経抜群の父であったが、肺ガンの末期はそれほど苦しかったのであろう、「俺はもう長くはねえ。鼻をつまんで

スズキと一緒に多くの小魚たちも混獲される。「ナガシ」と呼ばれる選別台に取り込み、スズキは活魚槽へ、小魚は水氷のタンクの中に入れ、野締め（氷〆）となる

口を塞いでみろ」と相当弱気になっていた。そんな〝師匠〟でもある親父を何とか励ましたかった。「そんなに簡単に死なれては困る。海のことを、残された者に書いて残しておいてもらわないと……」。闘病生活に疲れ果てていた父に、無惨にもそう言ってしまった。本当にその一心だった。

父が亡くなってから、母から手記を手渡された。その弱々しいが几帳面な文字を読んだ時、「なんて惨いことを言ってしまったんだ」と、自責の念に駆られ、しばらくは涙が止まらなかった。

若輩の倅に促されて、最後の力を振り絞って書かれた手記の中で、こう書いてあった。

「今や東京湾も『兵どもが夢の跡』と言えるかもしれない。ひところの大羽イワシ、スズキの大漁の連続……まさしく北海道のニシン御殿のようだが、あまりにも寂しく、あの姿を東京湾に再現したくはない」

父大野義彦。海光物産初代社長、大傳丸四代目漁労長

芭蕉の句を引用して、親父なりに当時の東京湾をこう評したのであった。乱獲による魚の資源量もさることながら、高度に発達した流通が慢性的な魚価の低迷を招き、さらに埋め立てや開発のツケが、『青潮』(※)となって追い打ちをかけたこと、これらを総合して〝今や〟と言ったのであろう。

思えば、私の手を握り、後を託した祖父とは真逆の立場のものの言い方である。2人の東京湾の先輩漁師の教えを、3代目の私は意外にも冷静に受け止めていた。当然、隆盛を極めていた、猛者たちのひしめく東京湾とは違って当たり前である。

しかし同時に漁場としての価値観も違ってきている。そして都会の海東京湾だからこそ、ここにしかない価値もある。痛めつけられ、一度は死にかけても何とか生き延びてきた東京湾漁師だからこそ、そこから生まれてきた知恵もある。

間近に迫る2020年には、何としてもここで獲った海産物で、世界中のアスリートや観光客をもてなしたい。そうして祖父や父たちに、胸を張ってそのことを報告したいのである。

「貴殿方が命がけで守ってきた江戸前漁業が、ワールドワイドのＥＤＯＭＡＥになったよ！」と。

（※）青潮：極端な気温や風向きの変化で、海底近くに淀んでいた低酸素水塊が表層に浮上し、光線の加減によっては、乳白色だったり、時にはエメラルドグリーンのように青くも見える。しかし硫化硫黄を含む水たまりは、鼻を衝く悪臭がして、何より酸素がないから逃げ遅れた稚魚や稚貝が死んでしまう。こんな状況の海で漁をしていると、「魚の避難先」を予測して、それを一網打尽にする漁師たちもいるのは、嘆かわしい事実である。

3章

魚の価値を引き出し伝える漁師の仕事

自分たちの獲った魚の価値を伝え、競り人さんたちからその評価も教えてもらえる。これほど漁師冥利に尽きることはない。毎日が楽しくて仕方がない。私たちがトラックで毎日配達しているところを見て、乗組員たちも次第に理解をしてくれるようになり、稼ぎに対しての不満もあまり出なくなった。

元々保守的な市場に対して、新参者の我々は、何とかその存在をアピールしなければならない。まず魚を見てもらうためには、箱の蓋を開けてもらわなければ話にならないのである。そこで考えたことは「どこよりもド派手な箱を作ろう」ということだった。

全国に先駆けて魚にネーミング

海光物産創業当時の1989年ごろ、「船橋新鮮組」というキャッチコピーを旗印にしていた新進気鋭の千葉県議会議員、野田佳彦元総理の事務所に「『新鮮組』を、自分たちにも使わせてください」とお願いに行った。もちろん快くOKしてくれた。魚箱に「EDOMAE新鮮組」とラベルを貼り、全国の市場に乗り込んで行きたかったからである。

「EDOMAE」をローマ字にしたのは、正直言って、海外を意識してのことだった。蓋さえ開けてもらえれば、そこは鮮度抜群の自負があった。

自分たちの思惑通り「新鮮組のイワシは、本当に新鮮だ」という評判になり、注文も鰻登りに増えていった。イワシに『ＫＩＷＡＭＩ』とか『海若』などとネーミングし、自社ブランドにしていったのは、当時では先駆けだったように思う。

トラックも増車して、活魚も運べるようになった。もちろん、みんなド派手なデザインのシールを貼って走る。魚のサイズ選別の規格も、「大・中・小」、あるいは「Ｌ・Ｍ・Ｓ」というのではなく、「横綱・大関・前頭」という、日本相撲協会から怒られそうな規格にした。そのシールのデザインもこと細かく指示をして作ってもらった。

また、当時10キロやせいぜい8キロ入れが主体だったイワシの魚箱も、5キロや、注文によっては3キロ入れなども作るようになった。

これも競り人を通じて、買う側の要望を聞き入れての対応だった。「これぞ、マーケティングなんだなぁ」と大学時代に学んだことが、漁師になった今、活かされるとは夢にも思ってもみなかった。

あちらこちらで「新鮮組」が話題になってきて、競り人も朝の売り報告で「新鮮組さん、土方さんいる?」などと、確実に海光物産のファンが増えていく実感があった。

漁閑期の毎年2月には、全国の競り人たちを湾岸エリアに招いて、「先進市場首脳会議（新鮮組サミット）」を開催し、競り人たちとの親睦を深めた。各市場の抱える問題点や、荷受けの今後の在り方等、本格的な議論もしたが、所詮はパロディなので、大方がゲームや表彰、漁場視察などであった。

船橋のまき網漁業会社2社で創業した浜問屋が、船橋の底曳網漁業の船主だけでなく、市川市の底曳網漁業の船主の方々からも魚を委託され、気がつくと、東京湾北部の浜問屋の中では、最大量の荷物を取り扱うまでになった。

最近では、アサリやホンビノス貝なども扱ってほしい、という市場からの要望もあるほどだが、船橋には古くからの貝類問屋が何社かあって、ここは「聖域」として進出はしていない。

天然で無神経なヤツ

「天然で無神経なヤツ~人なら最悪、でも魚なら最高!~」というキャッチコピーで、初めて活〆神経抜きのスズキを出荷したのは、2008年ごろであった。

　このスズキは養殖物ではない、紛れもない天然物で、しかも神経を抜いているから無神経ということである。

　それまでも、単に活〆して血抜きをしたスズキは出荷していた。その際、水氷ではなく、下氷に新聞紙を敷いて、その上に魚を並べる。そして上から魚が乾かないように、ビニールをかぶせ上氷をさっとまぶして蓋をする。そのビニールに、例のキャッチコピーを印刷し、蓋にも同じデザインのスタンプを押した。今

瞬〆の達人の活〆神経抜き。仕上がりの美しさはまさに達人の技

度は「神経抜き」というひと手間が加えられている。内心では「きっと人気商品になる」と思っていた。

名古屋市場へはスズキは活魚で出荷している。現在の瞬〆の技法で締めていたのは、実は彼らの方が先であった。それを見てきた運転手が、「何でこうして神経抜きをするのか、そうすると何が違うのか」を聞いてみたところ、「身が固まらない」ということであった。

それを聞いて「これだ！」と思い、すぐに名古屋市場の競り人に道具を送っていただいた。彼らも大阪の市場から購入しているというので、こちらから大阪に連絡して、以後は直接送っていただくことにした。さすがは「天下の台所」、食に対する意識が進んでいるなと思った。

「天然で無神経なヤツ」は、当時の規格では1尾が1・6キロ以上で、色艶の良いものに限っていた。この時私の中では、「このブランドで高級志向を目指し、スズキ全体の相場を頭から引っ張り上げてやろう」という思惑があった。なので、足りないくらいで丁度良い。巷で「変な名前だけど、品物は良いスズキがあるらしい」という評判になれば、しめたものという思いだった。が、初年度はわずか数トンの出荷にとどまってしまった。

しかし、私の狙いが的中し始めたのは、翌年春になってからのことだった。各地の競り人たちから「あの神経抜きないの？」という声を聞くようになった。要望のあるままにやって行くうちに、その年は23トン余りを出荷するまでになった。

商品の品質が高いのは証明され、そのニーズがあるのもわかった。しかし同時に「天然で無神経なヤツ」は、あの「新鮮組」ほどのインパクトがない、ということにも気づかされた。

そう、ネーミングだ。世に出回っている高級ブランド品、つまり乗用車で言え

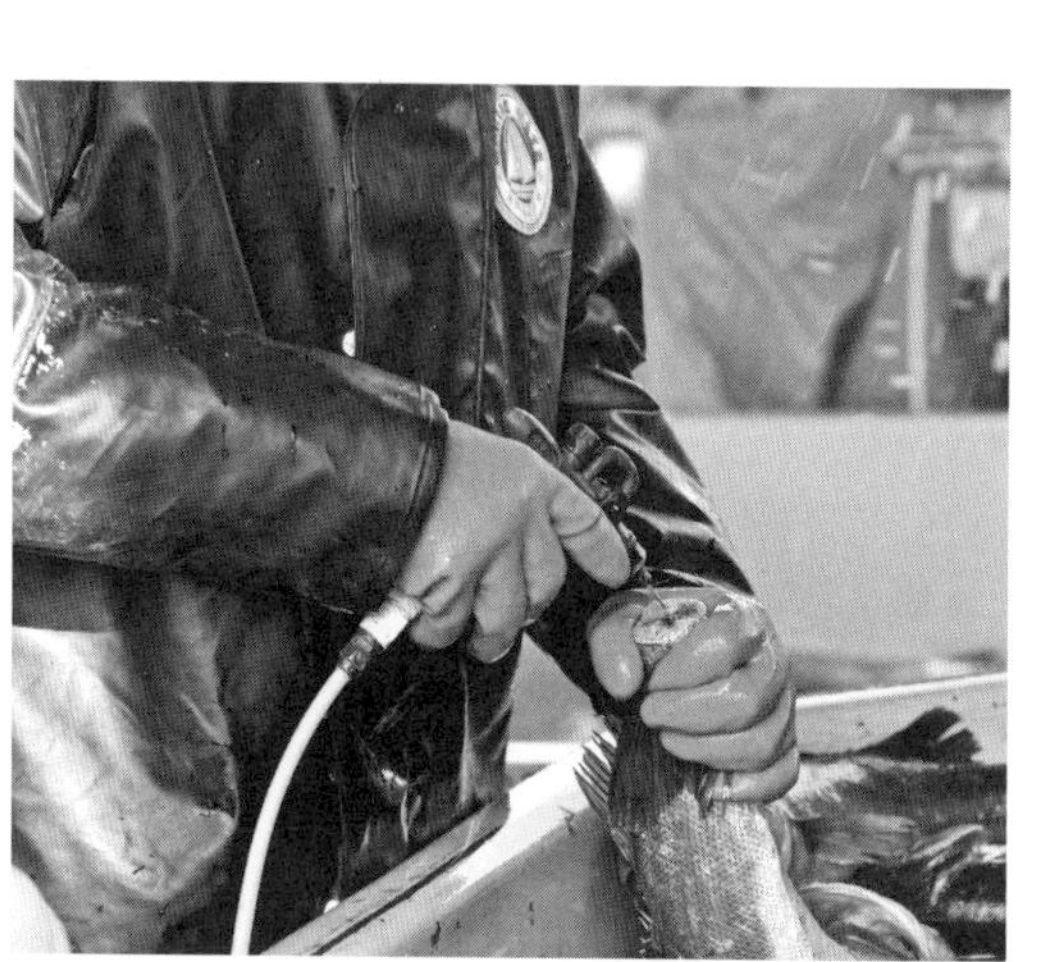

頭と尾に出刃を入れ、延髄を切断し、尾からエアガンで空気を噴射して、頭の切断部から神経を抜き取る

ば〇ンツ、ハンドバックで言えばバー〇ン、牛肉で言えば神戸や松阪など、人名や地名などの固有名詞が付けられていることが多い。まして高級品ともなると、「天然で……」というようなすっとぼけた名前の商品などあまり目にしない。自ら「最高級じゃない」と言っているようなものだ。

そう思ったら最後、居ても立ってもいられない性分だ。A4のコピー紙に筆ペンで、高級感を醸し出す商品名を、思いつくまま書きまくった。そんな中で「これだ！」と思ったのが「瞬〆（しゅんじめ）」である。

魚の締め方の代表的なものには、（1）活〆、（2）野締め（氷締め）、（3）急速凍結などがある。（2）は小魚などたくさんの魚を一気に締めるのに適している。また（3）は遠洋のマグロ等が代表であろう。

今売ろうとしているのは、（1）の活〆プラス神経抜きである。出刃包丁で延髄を切断しただけでは、完全には絶命しない。ところが神経を抜いた瞬間、まさにその瞬間にその生涯を終える。10秒瞬殺である。「瞬間に締める」のと「旬を封じ込める」を掛け合わせて「瞬〆」となったわけである。

声に出した時の響きがたまらなく良い。またもや自画自賛であるが、すぐさま今度は鉛筆で書き直し、デザイン的な精度を高めた。もうそれからというもの、止まらない。猪年生まれの猪突猛進である。1ヵ月もたたないうちに「天然で無神経なヤツ」は、「瞬〆」となって生まれ変わったのである。

この効果もあって、2014年6月8日、私を取り上げていただいたテレビ番組『ソロモン流』がオンエアされた。この番組は自分も録画予約をしたりして、以前から好きな番組の一つであった。視聴者は、私たち世代から上の方々が多いようである。

やはりテレビの力恐るべし。放送終了後は電話やメールでのお問い合わせが殺到した。しばらくは対応に追われたが、とても嬉しい限りである。この放送が自分たち東京湾のスズキ、海光物産の「瞬〆すずき」に注目してもらう、大きなキッカケとなったのは疑う余地もない。

自己流コピーライティング

「お前はまだ生きている」「活きている締めた魚」「一瞬に封じ込められた一生」。どれも私が「瞬〆」のPRのために考え出したキャッチコピーである。「魚が最も輝いている時、それをそのまま届けたい」。その思いを伝えようと絞り出した。

すでにお気づきの方もいると思うが、「お前はまだ生きている」というのは、アニメ『北斗の拳』のケンシロウのキメ台詞、「お前はもう死んでいる」をダウンフレームしたものである。経絡秘孔（けいらくひこう）という架空の急所を北斗神拳（ほくとしんけん）で突かれた相手は、見た目ではダメージは受けていないようだが、ケンシロウにこう告げられた瞬間に木端微塵になる。実に痛快である。

この逆バージョンで、外見は発泡の箱に入っていて絶命しているようだが、極めて良い状態で放血、神経抜きをされているので、活きていた時のそれに限りなく近い状態で締められていることを表現したかったのである。と同時に、その一生をその一瞬に捧げてくれた魚への最大限の感謝の賛辞でもある。

「触ってごらん。動くだろ?」。これも今書いていて思いついた。こういったネーミングや、魚箱のデコレーションのデザインのすべては私の担当で、これもそこそこ市場でのウケは良かったが、これを指名して注文をくれるまでには至らなかった。

もちろん私は、特段コピーライティングの勉強はしたことはない。でもこの魚の良さを何とか伝えたい。それこそ漁そっちのけで、寝ても醒めてもそのことばかり考えていた。

今後ますますこうした販売促進戦略は必要になってくるであろう。自分の主義主張を、率直に人に伝わりやすく、簡単明瞭に表現するキャッチコピーは、大切なツールとなる。この本の

販促用に作成したのぼり旗とポスター。毎年瞬〆のシーズンが来ると、築地を始め、各市場に送る

テーマとしている「スズキの資源管理」についてのキャッチコピーを作るとしたら、さしずめ「魚の少子化対策」となるであろう。

瞬〆で「千葉ブランド水産物」を全国区に

船橋市農水産課の山崎さんから「漁業協同組合に来てほしい」と電話があったのは、2014年7月のかなり暑い午後だった。夜間に操業しているこの時期は、午後から人と会うことは極力避けたいのが正直なところ。しかし市農水産課は、「瞬〆すずき」をかなり対外的にもPRしてくれているし、話を聞いてみることにした。

そこには山崎さんのほかに、漁協の松本専務、和野内参事、そして汗だくになった県農水産課の山口さんが同席していた。始めにこの会議の招集元の山崎さんから冊子を手渡された。キンメダイやイセエビ、イワシや海苔、みんな千葉県を代表する水産物の写真とともに「千葉ブランド水産物」と印刷されていた。

つまり、ここにうちの「瞬〆すずき」を載せないか、というのである。次に、汗だくの山口さんがこの認証制度について説明してくれた。言わば千葉県が水産物に対して県のお墨付きを与えるというものである。ただし、認証が決定するのは11月で、今から申請しても今年の認証は間に合わないという。そしてさらに、「瞬〆すずき」はまだ世間での知名度が足りない、ということらしい。

貴重な睡眠時間を奪われた腹立たしさ半分、でも何か面白そうだなという好奇心半分、「で、私にどうしろってことですか。だいたいこんなマーク初めて見たし、知っている人いるんですか」と少し汗の引いた山口さんに詰め寄った。

私の苛立ちをいち早く察知した山崎さんや参事が「まあまあ、まあ」という立場になった。今思うと、お集まりの皆さんに、大変失礼なことをしたと反省している。そしてあの日こそ、「瞬〆すずき」の命運を決定する日だったんだなあと思うのである。それぞれが、それぞれの立場から思い思いのことを考えながら、その会議は散会した。

再び「千葉ブランド水産物」という言葉を聞いたのは、月日が流れた2015年の春であった。我々も昨年度中、瞬〆のPR活動を展開してきて、マスコミにも幾度となく紹介され、知名度の方も前よりもずっと高まってきていた。山口さんはというと、あれから何度も他の用件で県庁を訪問する時も、窓口として対応してくれていた。漁協の松本専務や和野内参事も、そしてことの発端である市の山崎さんも、誰もが機は熟したと感じていた。満を持しての「千葉ブランド水産物」認証への挑戦である。

申請にあたっては、夏の終わりごろにプレゼンがあるということで、私に出席してほしいということである。私から言わせてもらえば「望むところよ」である。申請の題目は考え抜いた挙句、「江戸前船橋瞬〆すずき」にすることにした。

県の方からは長いとか、この時すでに「瞬〆」を商標登録していたので、「船橋スズキにしてくれ」などと言われたが、「江戸前」にもこだわりがあるし、「瞬〆」が入らないのではインパクトが薄れるし、ブランド申請の意味が

千葉ブランド水産物のロゴ（左）と漁師が選んだ本当においしい魚プライドフィッシュのロゴ。全漁連（全国漁業組合連合会）が「江戸前船橋瞬〆すずき」を「全国のプライドフィッシュ・夏の魚」に認定した

ないと思った。

何より厄介だったのが、あくまでも船橋市漁業協同組合として申請しなさいという県からの指導である。つまり、もしこれが認定されれば、船橋のスズキすべてがこれを名乗る資格があるということになる。行政の立場からするとやむを得ないとも思ったし、こちらの言い分も聞いてもらったので、了承することにした。私の中では面白さは半減するが、ここはブランドたる所以である。商品の規格をきちんと海光物産が管理することで、ブランド価値を維持できると考えた。そして何よりも、船橋産のスズキの知名度を上げるには、絶好のチャンスであると思った。

次はプレゼン対策である。これまでも瞬〆の「広報担当」として、品質の良さは伝え続けてはきたものの、いわゆる学識経験者やマーケティングの専門家の先生方の前でのプレゼンとなると、やはり「数字を視角から訴える」という手法が必要になってくる。今は本当に良い時代である。SNSの友達の中に、パワーポイントを使ったプレゼンテーションのプロの市川真樹さんがいる。

市川さんとは、この年の夏にお会いしたばかりであるが、大の魚好きで、休みの日には自ら市場に出かけて、新鮮な魚を目利きして仕入れてくるほどの女性である。彼女が言うところによると、瞬〆の大ファンで、それをPRするためにお手伝いしたい、とおっしゃってくれた。しかも無償で、である。

プロの作ったスライドを使って、漁師がプレゼンをする。現場で働く漁師の魚に対する思いを、画像やデータ、グラフを通じて存分に伝えることができた。こんな最強のプレゼンはない、自分でもそう思った。

結果はもちろん認定である。思えば足掛け2年。あの夏の暑い日に集まった、それぞれの立場の人たちの熱意の結晶が勝ち得た結果であった。

船橋市の方でも、農水産課はもちろんのこと、広報課、商工振興課も一体となって喜んでくれた。11月2日には船橋市長の松戸徹氏を表敬訪問することになった。多くの地元マスコミや記者の方たちが招かれ、私も意見や感想を求められた。尽力いただいた方々への御礼を述べた後、逆に私からこんな質問をしてみた。

「本日お集まりの皆さんの中で、この「千葉ブランド水産物」という認証があったことを知っていた方いらっしゃいますか？」

すると意に反して、誰もが顔を見合わせるばかりで、反応は返ってこなかった。

「この瞬〆が、『千葉ブランド水産物』を全国区にしてみせます！」

と、思わず大見えを切ってしまった。本当にそう思ったし、そのくらいの意気込みがなければ、このブランド認証の意味がないではないか。そこにまた新たな挑戦もあるし、やりがいもあるというものである。

瞬〆の美味しさの秘密

そんな経緯で我らが「瞬〆すずき」は〝漁師が選んだ本当においしい魚〟として、「全国のプライドフィッシュ」の一つに認定された。まさにそのキャッチコピーの通り、本当に本当に美味しいのである。長年、東京湾のスズキを食べてきた叔母たちも「今までスズキがこんなに美味しいと思ったことはなかった」と太鼓判を押すほどであるから間違いない。その美味しさの秘密は何なのだろうか。

「放血神経抜き」という締め方にあるのは今さら言うまでもない。魚の劣化の最大の原因が血液である。まず生きている状態からえらの内側に出刃包丁を入れ延髄を切断する。次に尻尾にも切り込みを入れ、よく血抜きをする。ここでその尻尾の切れ込みから、脊髄に

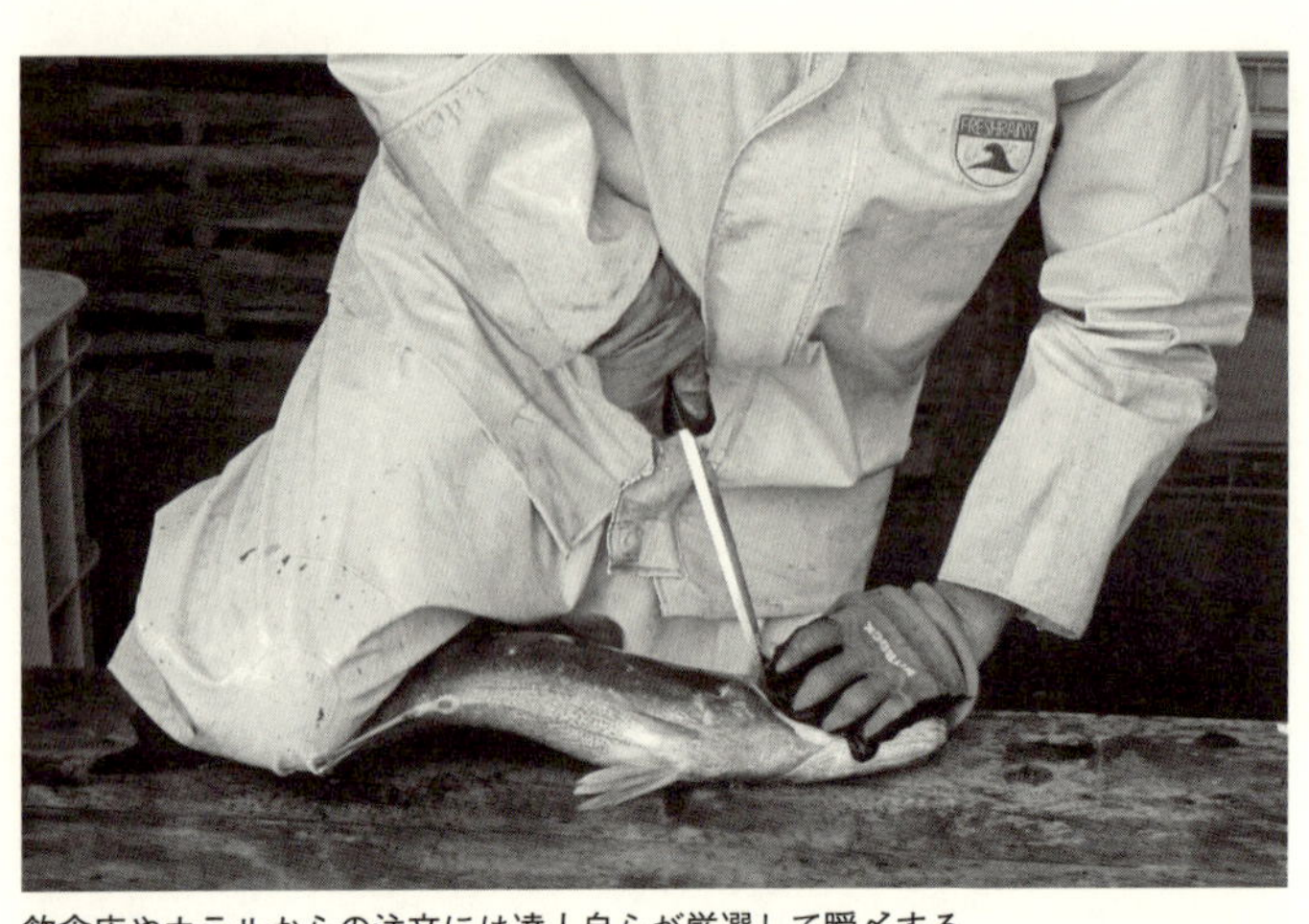
飲食店やホテルからの注文には達人自らが厳選して瞬〆する

通っている神経をエアガンで一気に吹き飛ばす。そして抜いた神経のあったスペースに「我々の想い」を注入しているのである。「瞬〆」として売り出したころは、「放血から神経抜きまで、全工程わずか10秒」というキャッチで、その速さを、「瞬時に締める」「旬を閉じ込める」「だから美味しい」と言ってきた。

そこでそれを科学的に裏付けるために、千葉県水産総合研究センターに、その旨みについての分析を依頼した。同じ日の同時刻に、同じ網で捕獲された、3つの検体用のスズキ、すなわち（1）瞬〆（放血神経抜き）、（2）活〆（放血のみ）、（3）野〆

（氷水に浸し悶絶死）を、各々3尾ずつ用意して調べてもらったのである。硬直指数、乳酸量、pH、ATP（アデノシン三リン酸）量、IMP（イノシン酸）量、K値（生鮮度を示す指数）、弾力、色彩といった、計8項目に渡っての本格的な分析である。

データのまとめが終わったのは、それから3か月後であった。その間を、小学生の通信簿のようにワクワクした気持ちで待っていたのを覚えているが、出てきた結果を見て愕然とした。

（3）「野〆」よりは良かったようなものの、総合的な成績は（2）「活〆」が「瞬〆」を上回ったのである。

これを見て聞いた我々は、「そんな馬鹿なことはない、何かの間違いじゃないのか」となり、分析手法を疑う始末であった。しかしその後、それぞれを締めた状況をよく考えてみると、「瞬〆」は、乗組員たちの手を借りて、3～4トンを締めた中からの3尾であり、「活〆」は、それから4時間後に、水槽に活かしておいた3尾を、「瞬〆の達人」が、丁寧に血抜きをしたものであったことに気がついた。

これについて水産総合研究センターの所見は、「瞬〆の検体は、水揚げ直後という相当なストレスがかかっており、その証拠に乳酸量が極めて高く、後にイノシン酸という〝旨み成分〟となるＡＴＰが筋肉を動かすために多量に消費されてしまった。このために、Ｋ値が低い値となってしまった」とのことである。つまりは、水揚げ直後に、魚が暴れているような状態で締めて、さらによく放血されていないのに、すぐに神経を抜いても、美味しい魚はできない、ということなのである。

そんな結果を受けて、「瞬〆の達人」が考案したのが、「活け越し用せり上がり水槽」である。魚がストレスで暴れるのは、肌が空気に触れるからで、締めるまでの間、極力水から出さない仕掛けを水槽に施したのである。

さらに、飲食店からの注文品においては、その「スウィートルーム」でゆっくりお休みいただいて、ストレスを緩和した後に瞬〆するようにしたのである。

まずはっきりとした違いが出たのが、放血の血がとてもサラッとしていることである。そして氷水の中に少なくとも15分漬け込み、よく血を抜いてから神経を

2017年版ポスターの原案

抜くようにしたのである。結果はもうお祭しの通りである。ATP値、K値、イノシン酸など、旨みを示す数値がすべて改善されたのである。

こうした科学的分析を経て、その美味しいことが証明された瞬〆は、「瞬〆すずきプレミアム2015」「瞬〆すずきプレミアム2016」として、さらなる進化を続けている。

スズキ類の水揚げ日本一の船橋市の悩み

正確には覚えていないが、恐らく今から10年以上前にはなるはずである。海光物産が築地市場の中でも、最も多くの鮮魚を出荷している大手荷受会社の、当時の関西課課長に、「スズキ類の出荷が一番多いところはどこですか?」と、何気なく質問してみた。すると「間違いなく海光物産さんですよ。ずっと一番ですよ」という即答だった。

それから農林水産統計や、漁業の魚種別漁獲量ランキングなどを調べてみた結果、確かにスズキ類に関しては、2位の兵庫県を抑えて千葉県が全国1位であった。さらに千葉県農林水産部に確認したところ、県内でも船橋市がトップと言うことで、これは「船橋市がスズキ類の水揚げ日本一」と言ってもいいのではないかということになった。

何であれ、日本一というのは、それなりに悪い気はしないものだ。しかし当事者の我々が少し考えれば、むしろこの状況が危機的であるということはすぐにわかる。まき網はイワシ、サバといった、いわゆる多穫性の青魚の水揚げが減少している。一方で底曳網は、底生魚のカレイ類の水揚げが激減している（表参照）。

そこで、比較的安定して漁獲できるスズキ類を、みんなで狙うようになった結果が〝図らずも〟日本一なのである。つまりスズキ類は、東京湾最後の至宝なのである。

それを受けて我々が取り組んできたことは、この最後の至宝であるスズキ類を、何とかしてかつてのような高級魚としての地位を回復すること、つまり、デフレ経済の下、長く低迷を続けている単価を引き上げることである。長年培ってきた活魚輸送のノウハウを活かし、その中で得た〝締め方〟である「瞬〆」をブランド化し、これを「江戸前プレミアムすずき」として売り出して行くことであった。

そのためには営業マン漁師として、慣れないスーツを着て官公庁にも出向いたし、ホテルや飲食店も開拓して回った。その甲斐あってか、２０１３年の商標登録以降、メディア

まき網漁　イワシ類：水揚げ量・生産額

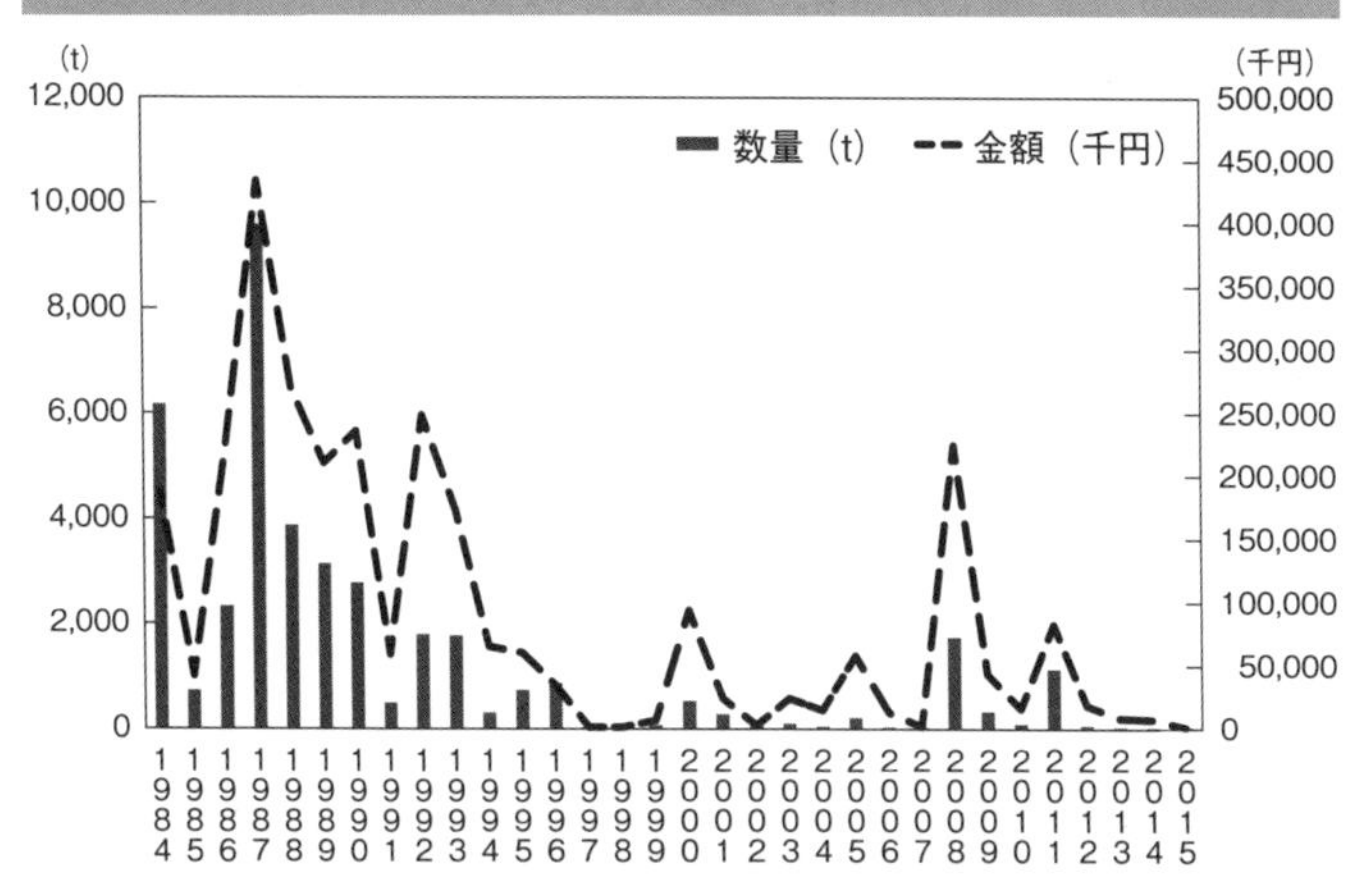

まき網漁　スズキ類：水揚げ量・生産額

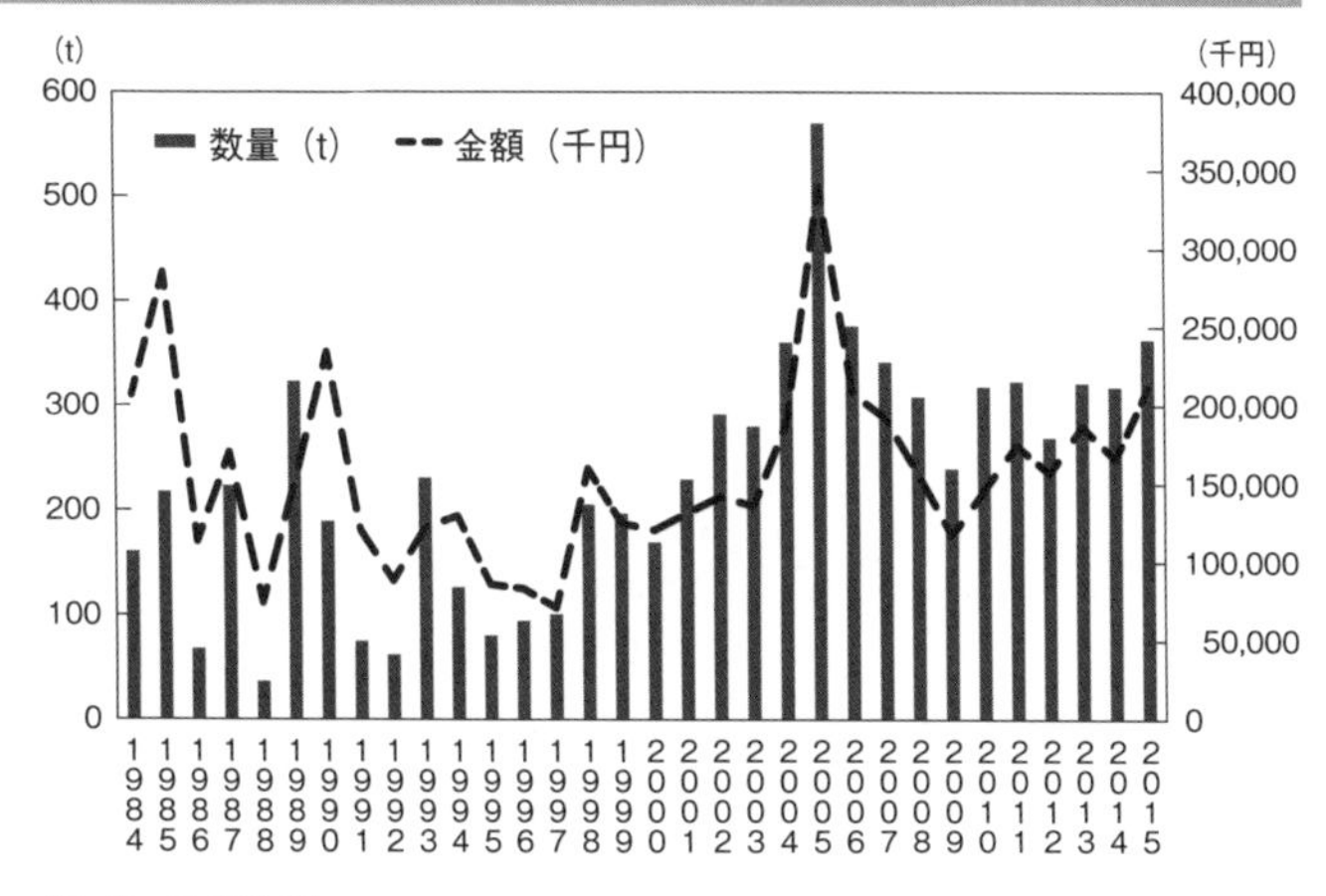

（作成：海光物産）

底曳漁　カレイ類：水揚げ量・生産額

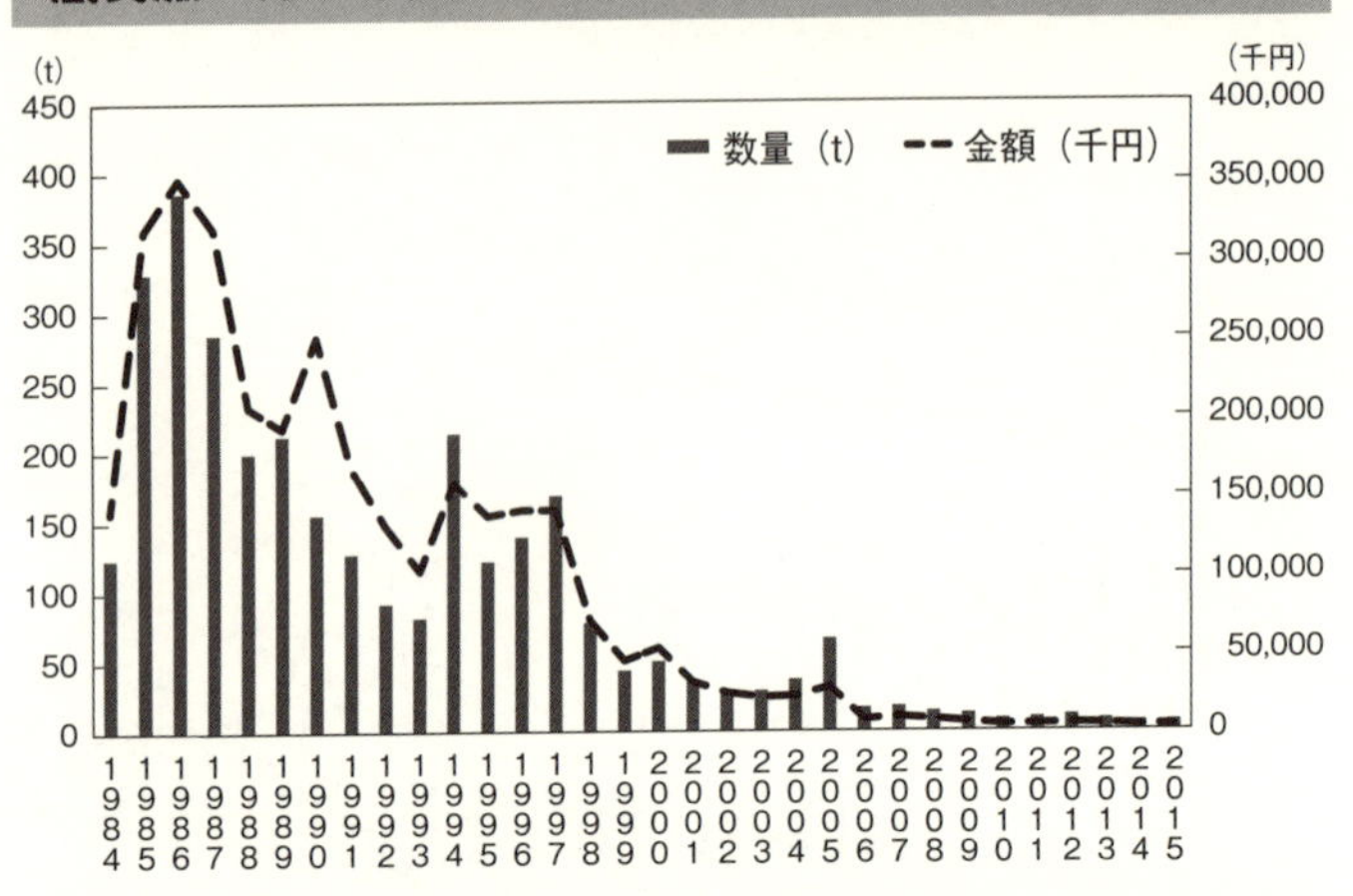

底曳漁　スズキ類：水揚げ量・生産額

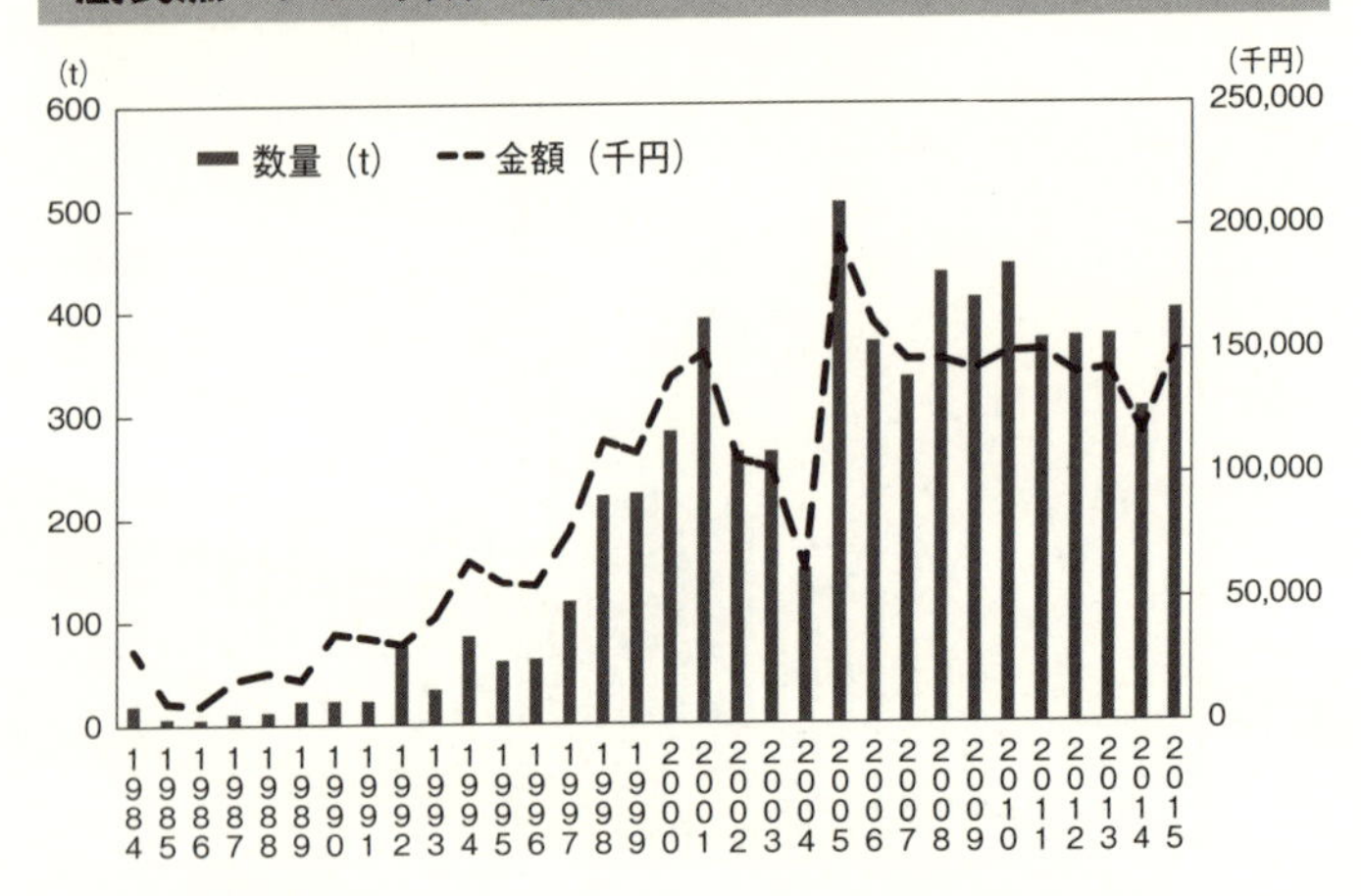

（作成：海光物産）

にもしばしば取り上げられるようなり、２０１５年には「千葉県ブランド水産物」に、２０１６年には全漁連（全国漁業協同組合連合会）の主催する、漁師が選んだ本当においしい魚「プライドフィッシュ」にも認定された。

地球規模の温暖化やラニーニャといった自然の作用の中で、２０１６年のスズキ類の水揚げ量ランキングでは、恐らく日本一の座から、我が船橋市は陥落するであろう。だが決して悲観したものではない。水揚げ量では例年には及ばないものの、２０１６年9月現在、額ではほぼ昨年並みを維持できる見通しである。

全国的にも水産物の付加価値付けやブランド化は流行りだと思うし、良いものはどんどんPRすべきだと思う。しかし必ずしも成功例ばかりではないと聞く。そんな中で、我々の「江戸前船橋瞬〆すずき」は、おかげさまでうまくいった方ではないだろうかと思う。ただ、ブランド化は進めてきたが、特段世間でいうところの付加価値付けのための神経締めだとか、パッケージングなどをしてきたという感覚はない。我々がしてきたのは、「魚が本来持っている価値を、敬意をもって最大限引き出す努力」なのである。なぜなら、スズキに生かしてもらっているからである。

ある意味で、水揚げ量を競うランキングもあっても良いとは思う。しかしもっと重要なのは、質や人気のバロメーターである「単価」で日本一を目指すことだと思うし、もう一つは、その価値を理解して、進んで購入してくれる消費者やファンを育てて行くことではないかと思う。そうすることによって、漁獲圧を抑えるという意味でも、この漁業が持続可能であり、スズキ資源も持続可能なものとなって行くことであろう。

「魚愛」をもって食卓へ届けること

漁師であれば、自分の獲った魚がとても美味しいということは誰でもわかっている。それが獲れたてで新鮮であり、獲るための苦労の分もプラスされるからであろう。飽食のこの時代、お金さえ払えば難なく美味しいものにありつくことができる。しかしながら魚は肉に比べて割高でもあり、何よりもゴミが出るし面倒くさい。

スーパーや百貨店の鮮魚売り場が、街の魚屋にとって代わり、何というか、魚に対する愛を伝えてくれる人が少なくなったように思う。決してスーパーの店員が、魚に対する愛がない、と言っているわけではないので誤解しないでほしい。魚屋は家業であるから、自分で仕入れた魚は何とかしてお客さまに買ってもらわないと商売にならない。その愛とスーパーの愛はおのずと異なると言いたいのである。スーパーだったり、大型ショッピングモールだったり、ついでに手間のかからない食材が調達できるところの方が断然便利なわけである。

また、最近では都内の一等地のあちこちに、お洒落な魚屋さん「サカナバッカ」も出店している。その現場に立つ若者たちは、とても「魚愛」に満ち溢れている。特に言えるのが未利用魚の商品化である。手間をかけてやれば美味しく食べられるのに、「小骨が多い」「食べ方がわからない」、何より「面倒くさい」などの理由で、市場でもあまり人気のない魚にスポットを当て、独自のレシピを開発して加工して店頭に並べている。これこそ魚食の普及に他ならない。さらに2017年になって、その逆の店舗、つまり魚を丸ごと店舗で、しかも割安で販売する新業態もオープンさせた。自分で魚を捌くことのできる中高年層に人気だそうだ。

我が街船橋にも、食育という部分で、自らの休日を返上して保育園や幼稚園を回り、園児たちの前で魚を三枚に下ろして刺身やあら汁を振るまったり、手作りの紙芝居でその魚の物語を聞かせたりする「さかなくん」がいる。

彼は行商の免許を取得して、漁港から少し離れた団地などに販売にも出かけている。しかもそんな活動をたった一人で行っている。「魚愛」なくしてできようことか？　これからは様々な部分で彼と行動をともにして行くことになるであろう。

うちの乗組員たちも大切な魚食普及委員である。毎月各船の賄い担当が持ち回りで、『大傳丸漁師めし』を考案している。自分たちの獲った魚の美味しさを、少しでも人に知ってもらおうと努力している。弊社ホームページ（http://www.daidenmaru.com/）に公開しているので、是非一度ご覧いただきたい。

魚から消費者が遠ざかって行くのは、冒頭でも言ったように「ゴミが出て面倒」という以外は、鮮度の良いものに関して言えば考えられない。ならばそれを解消して、いつでも手軽に調理できるような姿で食卓に届ける、というのも我々漁師の大事な仕事になってくるのかもしれない。

一流レストランシェフの手で魚の価値を実感

一流と言われるお店は、「絶対に不味いものは出さない」という前提で話を進める。しかもそこで出される料理は、多分相当高いはずである。にもかかわらず、それを納得してお金を払い、きっと「美味しかった」と言ってくれるはずである。こんなに漁師として嬉しいことはないであろう。

もちろん週に何度もそんな高級店で食事ができる、いわゆるセレブな人たちのことばかりを言っているのではない。何か特別な日に、我々の獲った魚を、一流シェフの料理で食べて幸せな気持ちになっていただく、そんな心の豊かさを日本の消費者も持っていただきたいのである。そういった一流店で使っていただくのに、我々の「瞬〆すずき」は相応しいと自負している。

料理人さんたちの中でも、「へえ、あの名店でも瞬〆を使っているのか」ということになると、「うちでも使ってみようかな」ということになってくるかもしれない。逆に自分自身の独自の仕入れルートを開拓するために、全国の隠れた産地に赴くこともあるかもしれない。いずれにしろ、全国の漁師自慢の食材を、美味しく料理していただいて、多くの人々に「この魚は美味しい」と思っていただくことで、魚の命をいただくことの感謝を伝えていかなければならないと思うのである。これも漁師としての仕事である。

「良いものはどんどん安く」は正義か？

戦後の復興期に「人の幸せとは、まず、物質的な豊かさを満たすこと」を信念とし、後に「価格破壊」を唱え、流通革命を起こしたスーパーダイエーの創業者中内㓛氏は、欧米の「消費者志向」をいち早く取り入れた。ダイエー対メーカー、とりわけ松下電器との〝闘争〟は、有名な史実である。

その後、イトーヨーカ堂、イオン等、大型スーパーの出店が全国的に広がり、いわゆる「街の魚屋」を始めとする中小の小売店は廃業を余儀なくされたのも事実である。

当時、大学の商学部に在籍し、中内氏の唱える価格破壊こそマーケティングの基本理念であると心酔し崇拝していた私は、「小売店の廃業は、時代の流れで仕方のないこと」と思っていた。

この流通革命に対しては立法府も、大規模小売店舗法（1973年制定）や商業活動調整協議会などで、消費者の利益と中小の小売り業とのバランスを図ろうとしたが、この大店法も、くしくもアメリカからの外圧によって、2000年に廃止へと追い込まれていった。

そんな折、1989年に創業した海光物産は、自分たちの獲ってきた魚を捌くのが仕事である。ほぼ本州全土の卸売市場を、「自分たちの魚の鮮度の良さ」をアピールし、荷を受けてもらうようお願いして回った。北海道、四国、九州まで足を伸ばさなかったのは、当時の市場流通では、遠隔地への転送はだいたい2日がかりになってしまうため、鮮度が売りの「新鮮組」の魚が嘘になってしまうからである。

各地の中央、地方卸売市場を回ってみて、比較的大きな荷物を取り扱っている部署の担当者は、決まって「スーパーさん」という言葉を口にした。まるで、いかにスーパーのバイヤーにたくさん買ってもらえるかが彼らの使命であるかのように……。仲卸業者を通じて、あるいは直接スーパーのバイヤーに、その日の水揚げ状況や出荷数量の情報をいかに早く伝えるか、これで明日の魚の単価が決まるのである。

こちらとすれば自分たちが獲ってきた魚は、それを獲るための労力や、獲ってからの扱い方などを考慮した上で、納得する単価で売ってもらいたいわけである。当然需要と供給の市場原理が作用するわけであるから、こちらも供給過剰になるような無駄はしない。というよりもそんな魚に失礼な漁獲はしない。


しかし「どう考えても安すぎるだろう」と思わせる単価に30年以上甘んじてきた。女房から「あそこでイシモチ1尾800円だったよ」とか「スズキって書いてあったけど、大セイゴ（スズキの若魚）くらいのクタッとしたヤツが1000円」などと聞くと、これじゃあ消費者も高いと思うし、ますます魚離れは進行するだろうと思う。

販売する側からしてみれば、ロスをある程度見込んだ上で仕入れ単価を決めなければ損してしまうし、その分安く買いたいという気持ちは、100歩譲ってわかるとする。しかしながら、日頃消費者に高い魚を見せ付けている「償い」としてチラシなどで紹介する日替わりの特売を見ると、その皺寄せを生産者に押し付けてくるのはいかがなものかと思う。

本書を読んだスーパー関係者の方々から、海光物産の魚の不買運動でも起こされたら死活問題にもなりかねないが、こちらも生産者としての意見は、はっきり言わないといけないと思う。

魚の価値を伝えることができるのは、それを獲った漁師であったり、我が子を嫁に出すように丁寧に扱う産地出荷者である。だからもっともっとその魚の価値を伝えて、その付いた値段が安いと思ったら、絶対に「安い」と言うべきだと思う。

産地にとっては安いと思う相場に対して、競り人さんも「これが当たり前の相場」と思うのか、「安い値付けをしてしまったなあ」と思うのかでは大きな違いが出てくると思う。ただしなぜ安いのかは、供給サイドにもその一因というか、むしろその多くの原因があるということを肝に銘じておかなければならない。

鮮魚相場は、株取引の仕手戦とは違う。安く買って、その日を高く売り抜けて、目先の利益を上げれば良いというものではない。まず生ものであるし、それは長年の信頼関係があってこそ成り立つ市場なのである。相場は時間をかけて作って行くものである。

目先を変えて、もし我々漁師に価格決定権というか、その会議に参加して意見が言えたとしたら、全国の漁師のモチベーションは大きく上がることだろう。自分が獲って、丁寧に処理した自慢の魚を、その漁獲努力を総合的に判断して、自分が希望価格を提示する。もし買い手がその価格に納得してくれたなら、そこに商いは成立する。

また「産地の定置網一船買い契約」の話も聞くが、荷主からすれば安定的な買い手があるので当面の利益は確保できる。しかし長い目で見たら、「売り場に向く魚」が獲れなくなれば切って捨てられるだろうし、その間市場競争はしていないので、従来の出荷体制へはなかなか戻せない。末は産地の崩壊ということになりかねない。痩せても枯れても、漁師の魂まで特売で売りたくはない。

繰り返しになるが、現在の水産物の流通において、スーパーは欠くことができない存在なのは確かなことである。もちろん我々もたくさんの魚を買っていただいていると思う。つまり大切なお客様である。

ただ私が言いたいのは、もっともっと魚に愛を持って接していただきたいのである。限りある資源である。未だに大漁貧乏の漁業は、根本からその生産方法を見直すべきであり、漁師の側に問題がある。

亡き中内氏の基本理念である「良いものはどんどん安く」は尊重すべきかとは思うが、「どんどん」ではない。販売する人たちには、その商品の価値を、愛を持って十分に消費者に伝えていただき、「適正な価格」で販売していただきたいと思うのである。そうでないと、漁師の生活が持続不可能になってしまう。

産地直走（さんちじかばしり）

自慢の「瞬〆すずき」を一番おいしい状態で、より多くの人に食べてもらいたい。一番おいしい状態、すなわち産地船橋に足を運んでもらうか、こちらから朝獲れを配達するか、とにかく一尾丸のままを、ご自分で調理して召し上がっていただきたいというのが私の願いである。

しかしそこには大変高いハードルがある。堅い鱗を引いて三枚に下ろす。腹骨と、刺身なら中骨を取って皮を剥く。我が家のような漁師の家ならともかく、一般のご家庭では捌くどころか、出刃包丁もないというのが普通のことのようだ。

つまり魚離れの最大の要因と言われているように、「面倒くさい」し「ゴミが出る」のである。我々もかつて、地元のイベントや都内の小学校に出張して、魚の三枚下ろし教室を開催して、造った魚を刺身や潮汁にして食べてもらうといった、魚食普及活動をしてきた。「美味しい！」「家でもやってみよう！」。その瞬間はほとんどの人がそう言ってくださる。

ただこうした活動は、定期的に継続して行くことが大事であることはわかるが、大変なエネルギーと費用がかかる。だいたい自分の休みであったり、自由な時間を使ってやるわけだけだから、我々始めスタッフだって、それ相当の成果が上がってこないことには、モチベーションが下がる。

また近年では、スーパーの鮮魚売り場だけでなく、飲食店やホテルなどでも、「地産地消」「産地直送」を謳ったイベントが流行っている。そんな中で、現場からの声として「フィーレ（三枚下ろし）に加工してもらえないかなあ」といった意見も聞こえてきているし、市場からでさえも同様の要望も出てきている。

見慣れた「産直」ではあるが、「産地直送」ではなく「産地直走」としたのには、いささかこだわりがある。

その日に水揚げされた魚を、半径35キロメートル圏内の飲食店に、「自車便」で配達するからである。昨年まではすべてを宅配便で配達していたが、送料が魚の代金を上回ったりすることもあった。これではせっかく購入いただいたお客様も、リピーターにはなりづらい。

そこで2016年の始めに、冷凍機付きの軽トラックを購入して、配送業務を格安で承っている。都内をメインに運行しているが、まだまだ件数が少なく配送業務自体は赤字である。

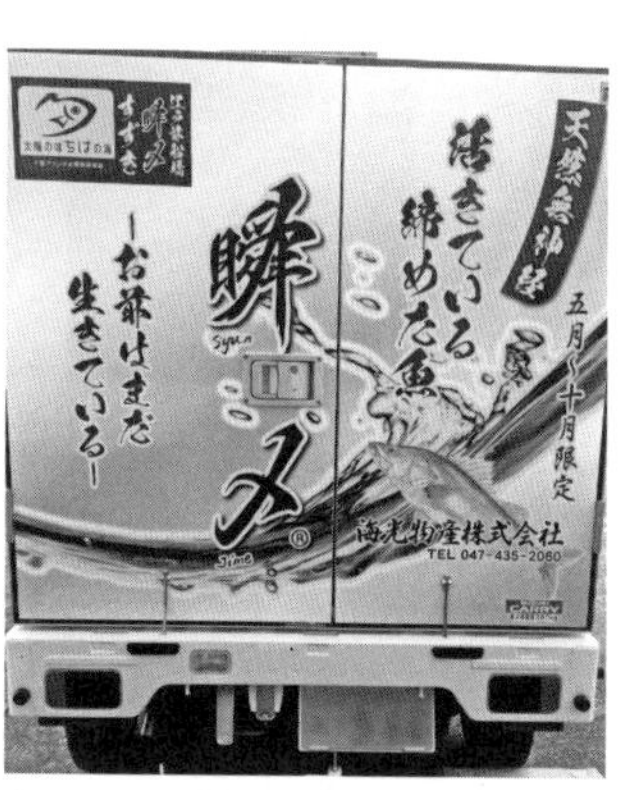

トラックの後面。左右の側面にもそれぞれ想いを込めたド派手な看板を掲げ、首都高速や青山通りあたりをよく通っている

しかしそのボディに施した看板は、トラック野郎顔負けのド派手なもので、誰もが一度見たらきっと覚えてくれるであろうものだ。つまり動く広告塔なのである。そこにはもちろん「瞬〆直走中」の文字が入っているし、背面には瞬〆のキャッチコピーである「活きている締めた魚」「お前はまだ生きている」が入っている。

さらに運転手のスタッフの通勤にも使ってもらっている。相当メンタルが強くないと運転できない車となっているのは間違いない。その甲斐があって「さっき瞬〆号見たよ」とか「東京方面に向かってたよ」とか、私に画像付きのメッセージをくださる方もいたりする。それがいい。とても嬉しいことである。

以前から水産業のトラックは、割と派手目の看板や文字を書いている。「活きの良さ」をアピールする意味もある。そんな中でも、箱車の天井以外の三面とも、私がデザインした異なる看板が入っていて、言いたいことがトラックに表現されていて、大満足なのである。ドローンの飛び交う近い将来に備えて、天井にもメッセージを入れようか、なども考えている。

「準鮮魚」に魚食普及の可能性

生ものは時間が経過したり、温度が上がったり一定の条件になると腐る。細菌が繁殖し、人体に有害な物質に変化することは、小学生でも知っていると思う。

魚でも野菜でも、獲れたては新鮮で美味しいとされているが、肉などはたんぱく質が旨み成分に変化する時間をおいてからの方が美味しいとされている。いわゆる熟成であるが、近年では魚にもこの熟成の手法がしばしば用いられ、それを全面に出している飲食店も増えている。

「魚は腐りかけが旨い」などと昔からよく聞いているが、熟成と腐敗はそもそも表裏一体で、やり方を間違えると大変なことになる。思えば「EDOMAE新鮮組」というキャッチで創業した1989年以来、〝魚は鮮度、鮮度は時間〟と、徹底した鮮度管理をして、市場では一定の評価を得てきた。

しかしやはり鮮魚には限界がある。たとえ冷蔵庫に保管していたとしても、内臓やえらを取らない状態で、1週間も10日も経ったものは人に勧めることはできない。そもそもそれを鮮魚とは言わないであろう。

「大漁貧乏」という言葉が示すように、一度にたくさん獲っても、それが有効需要をはるかに上回っていれば安くなるどころか、廃棄処分となったり、さらには氷代やその他の出荷経費等が増え、赤字になることもあり得る。つまりは資源の無駄遣いということになる。

魚にはいわゆる旬という脂が乗って美味しい時期がある。この時期の魚を何とかより多くの人に食べてもらいたいのであるが、そこに立ちはだかるのが鮮魚の限界なのである。ならばその旬を閉じ込める、あるいはそれを長く続かせるためにはどうしたら良いか。今進化した冷凍技術に、限りない市場性と魚食普及の可能性を感じるのである。目指すは「準鮮魚」である。

ＭＳＣ認証取得を目指し、海外市場での優位性をアピールして行こうとする中で、トレーサビリティの観点からも、一尾丸のままのラウンド魚よりも三枚下ろしのフィーレ加工した冷凍魚の方が、圧倒的に販路が広がる。

「産卵期のスズキは獲らない」と、外に向かって発信して久しいが、その時期にサバやイワシといった他の魚が回遊してくれれば良いが、そうでもなければ経営は非常に厳しいものとなる。漁閑期でも15名の乗組員の給与を支払って行かなければならないし、何年も前から何か生産性の上がる事業を模索していた。

「瞬〆すずき」は、5月から10月の期間限定商品であり、同時にここが最盛期である。この期間に水揚げして瞬〆したスズキを、今ある最先端の凍結技術を駆使して冷凍保存し、それを外れた時期に乗組員の手でフィーレ加工したらどうだろうか。何分にも未知の分野へのチャレンジである。どこから手を付けたら良いのか皆目検討がつかない。まずは試作品を作ってみることからスタートすることにした。

都内に、数社の冷凍機メーカーの最先端機器を置いて、デモを行うことができるというショールームを見つけた。こちらの若手社長も、私に負けず劣らず熱い男で、その眼の奥はキラキラと輝き、すぐに我々の意向を理解していただくことができた。これも素晴らしいご縁の始まりであった。

加工施設の建設計画

元来根っからの〝猪突猛進〟猪年生まれの私であり、明日の操業計画も考えない、行き当たりばったりの性格は、まずは加工施設の建設が第一と考えた。漁師が獲って（1次産業）、加工して（2次産業）、販売する（3次産業）、つまりこれこそが「産業の6次産業化」以外の何物でもない、と思ったのである。6次産業化とは、漁業者が生産した水産を活用して新商品の開発や新たな販路の開拓等を行う取り組みのことである。

そこで次に考えなくてはならないのは建設資金である。千葉県農林水産部、産業振興センター、銀行へと、渾身の事業計画を引っ提げて、6次産業化に取り組む事業者に対する助成金の獲得に奔走した。行く先々で、東京湾漁業の現状と将来への不安、それを解決するための打開策、その切り札として「鮮魚の1次加工事業」の必要性を熱く語った。「旬の時期のスズキを、今の最先端の冷凍技術をもって凍結保存し、冬場の暇な時期に乗組員の手で加工する。そしてMSC認証を取って、アメリカに輸出したいのです！」

該当する助成金を獲得するために何度も押しかけた県水産部流通加工班では、「発想は良いが、販売先を始めとするきちんとした事業計画を立てなければ、助成金は獲得できない」といった意味のことを繰り返し諭されるばかりであった。ここでは完全に招かれざる客であることは明白であったが、今思うと彼らの言う通りだったと思う。

しかし産業振興センターの対応は少し違った。世間知らずの漁師風情が水産加工場を建設して製品を輸出したい、などという果てしない夢物語を真剣に聞いてくれた。冷凍設備専門の先生や6次産業化プランナーを派遣してくれたり、どんな補助金があるかをわかりやすく説明してくれたり、何とか力になってくれようとしてくれた。銀行もそれとは違った意味で後押ししてくれた。

そんなやり取りの中でしばしば耳にしたのが、「トレーサビリティ」と「HACCP」という言葉であった。

前者は、生産から最終消費、廃棄までの追跡可能性のことを言うらしい。つまり、この魚はいつ誰がどこで獲って、いつ誰がどこで出荷、あるいは加工して販売したのか、をはっきり明確にする必要がある。これは食品の安全、安心を保証するための大切なツールであることは理解できる。他方、HACCPとは、食品製造の過程で危害（Hazard）を起こす要因を分析（Analysis）し、それを最も効率よく管理できる部分（Critical Control Point）を連続的に管理して、安全を確保する管理手法、ということである。

「加工場を建設する！」と奔走した我を振り返り、熱意と勢いだけでは何もできないということ、己の稚拙さを痛感した。しかしながら、確実によどんでしまった自分たちの漁業と、流通経路の中に一石を投じたことは間違いない。

漁業とインターネット

今やEC（電子商取引）は、生活の細部に渡って浸透している。水産業界にも、他業種からベンチャーで参入して急成長を遂げているところもある。つまり「水産市場には伸びしろがある」ということなのであろう。とかく私たちは「B to C」、つまり企業と消費者の取引を想像しがちだが、実は「B to B」、企業間取引に面白みがあるのである。

我々もごく少量ではあるが、インターネットを通じての取引を行っている。ここでも当然のことながら、〝鮮魚の限界〟があり、いつ、何を、どれだけ欲しいという注文に、100パーセントお応えすることはまずできない。また水産の場合、既存のECサイトの中でも、まだまだすべてがデジタル化しているわけではなく、アナログの果たす役割が大半を占めている。

B to B取引の場合、物理的距離が近ければ、直接出向いて相手方に我々の魚の価値をお伝えする。遠方の場合は、まずサンプルを送らせていただいて、気に入っていただけたら取引が始まる。そもそも鮮魚は信用が第一であり、相手の見えないインターネット上で取引するのは、いかにも抵抗がある。画像は掲載するようなものの、獲れた時期や身の付き具合や、脂の乗り方までは具体的に数字で掲載しているところはまだない。今後はそのようなデータも数値化して表示して行くと、面白いのではないかと思う。

また現在取り組んでいる冷凍加工品ともなると、この市場が占める割合は、かなり増えてくるようになると思う。「鮮魚の限界」を超えた準鮮魚を、安定供給できるとなると、使う方はとても便利になる。しかもその製品が信頼の持てるものであって、ある世界基準をクリアしたものとなれば、もはやマーケットは限りなく広がりを見せるはずである。こういうことを考えている時間がなんとも楽しい。

インターネットの話のついでに、SNS（私の場合主にフェイスブック）についても触れておきたい。学生時代の仲間や仕事仲間といった友達と、SNS上での友達とは当然意味が違う。始めた頃は「友達申請」とかそれを〝承認する〟とかどこか違和感があった。メッセージを添えて友達申請をしてくれる場合は、よほどのことでもなければ承認するが、いきなりの申請はお断りさせていただいている。ささやかではあるが、ネット上の自衛手段のつもりである。なので自分から申請をさせていただく場合は、必ず自己紹介やメッセージを添えるようにはしている。

年齢、性別、国籍、住所、職業等、一切問わないSNS上の友達（今では何の違和感なく友達と言っている）同士の社会は、この殺伐とした世の中にあって、どこか居心地が良いのであろうか。もちろん商売上のご縁をいただいた方も多数いらっしゃるし、仮に初めてお会いするにしても、大体の相手方の素性をわかっているし、日頃の投稿を拝見していると、初対面のような気がしないのが不思議である。だから話に入って行きやすいし、そもそも「会ってみよう」と思うこと自体、最初の難関はクリアしたものと言える。中には食事や酒を酌み交わすまでになった「友達」もいる。これが〝繋がる〟ということなのであろうか。

57歳ともなると、ほとんどの友達は年齢が下である。若い人たちの行動パターンやトレンドを知る上で、かなり刺激を受けている。いずれにせよ、ギリギリこのネット社会に滑り込んだわけなので、ふるいにかけられて置いてけぼりになるまでは、この入り組んだ繋がりの糸に、何とかしがみついて行きたいものである。

4章

資源管理時代に生きる漁師像とその育成

漁師の仕事は一般的に「自然相手」と言われている。漁師でなくても一般的に、誰もが知っているようなごく当たり前のこと以外、昔の人のように観天望気(かんてんぼうき)もよくわからない私などは、恥ずかしながら気象情報はもっぱらスマホに頼っている。気象衛星からのほぼリアルタイムの正確な情報はとても助かる。しかし35年もこの稼業をやっていると、幾度となく怖い思いもしたことがある。

浦賀水道航路で、雷とともに北東からの突風を食らった時、浦安沖で中羽イワシに刺されて難儀をしている最中に、南西の風を食らった時、またそれとは別に、運搬船に魚を取り込んでいる時に、すぐそばを10万トン近くありそうな豪華客船が、ほとんど速度を落とさず航行していった時などは、まさにそこは一瞬にしてベーリング海の荒海のようになる。それも含めて自然なのかもしれないが、大型船の波はある程度想像がつくけれども、それ以外はあらかじめ予測しておかないと大変なことになる。まさに自然の持つ脅威である。

いずれにしても、その自然の中から、我々は魚という貴重な資源を「借りて」いる。しかもそれは他の鉱物資源と違って、「再生産可能な資源」であることは言うまでもない。

「海の中の魚は誰のものでもない。獲った俺のものだ」とばかりに、獲れるだけ獲る漁師もいる。しかし、たくさん獲れば獲るほど市場価格は安くなる。

漁師だから「魚を獲って何が悪い」と言うかもしれないが、祖父の言葉ではないが、「海に泳いでいる魚は、自分が市場でキロいくらしているのか知らない」のである。どれだけ獲るかを決めるのは漁師自身である。

相手が自然なので、時には思いもよらず大漁をすることもある。そんな時は「獲ったぞ！」でも良いが、私は自然から「借りている」と思うようにしている。借りたものは当然返さなければならない。

また獲りたい魚だけが網に適量入ってくれるほど自然というものは甘くはない。ならば思いがけず網に入ってしまった魚も含めて、魚の有効利用を考えて行く「積極的な資源管理」をして行かなければ、漁師が生き残って行くことは難しくなるであろう。「資源管理イコール魚を獲らないこと」では決してないのだと思う。

魚に付加価値付けをするのではなく、「魚が本来持っている価値を最大限に引き出す」

努力をして、その自然の中で再生産された資源が、価値ある環境であることを証明することによって、自然そのものの価値を高めること。そうしてその恩に報いること。非常に抽象的ではあるが、自然自体がそうであるから仕方がない、ということで勘弁していただきたい。つまりは美味しい魚が獲れる海こそが、価値ある自然だと言いたいのである。

東京湾でも異変を感じた「あの日」

２０１１年3月11日のことに触れたいと思う。

まず初めに、２０１１年の東日本大震災によってお亡くなりになった方々のご冥福をお祈りするとともに、復興に向けて日々闘っていらっしゃる、特に漁師仲間の皆様に敬意を表したいと思う。船を失い、漁場も毀滅（きめつ）した状況の中から、よく今日まで前を向いて進んでこられたと思う。漁業の復活こそが、震災復興のシンボルであること、東北魂は凄い。

宮城県の若手漁師軍団『フィッシャーマンジャパン』のＰＶ（https://www.youtube.com/watch?v=HCOsKcQ555A）を是非ご覧いただきたい。

かの震災当日は、こちらでもやはり朝から様子が違っていた。当時は日中の操業で、中ノ瀬でスズキを1・5トン獲った後、付属の運搬船、第51大傳丸が反応を見つけた。

「海底付きで反応があります。スズキじゃないかもしれない」

船長の村越君からの無線だった。普段から51号がぶつかった反応は一発がある。つまり思いがけない大漁に何度も巡り合っていた。反応に乗った地点に行ってみるとかなり強い魚影だ。迷わず投網したのは、漁師の本能であった。網を揚げながら見ると、小魚も何も網に付いてこない。

「これは、もしかしたら……」

通常アジは〝網を睨む〟と言って、奥の魚取り（ヨードリ）にそっとしている。イワシやコノシロなどは、網揚げ中にたくさん網にくるまってくるが、アジはそうではなく最後

運搬船第51大傳丸から網船（本船）第17、18大傳丸を望む。2艘のまき網本船は魚群を求めて、ダンスを踊るかのようにペアで行動する

の最後までその正体を現さないのが普通である。そんな性質なので、日中にあまり獲れたことがない。投網した網を巻き揚げるVローラーから網を下ろすと、海の色が赤く変わった。

アジだ！　しかも内湾では珍しい、形の良い真アジである。乗組員たちは目を丸くして非日常を喜んでいた。帰港して6トンのアジを選別、箱詰めしてその日の仕事を終えたのだが、地震が来たのはその直後だった。

かつて経験したことのない二度の強い激震に、津波警報が発令された。いつか親父に、1960年のチリ地震の時の津波の話を聞いたことがあるが、それがどんなものなのか想像がつかなかった。

夕方6時ごろ、現場から「津波にやられた、とにかく来てくれ」という連絡があった。歩いて港に向かう途中、何カ所か地割れしたところがあったが、閉められた防波扉を乗り越えた時に見た光景は惨憺たるものであった。

あたり一面がヘドロで覆われ、どこにあったのだかわからない物が散乱していた。恐る恐る作業場に辿り着くと、6トンのアジを始め、魚を入れるダンベ（約1立方メートル入る水槽）やコンテナが海に持って行かれていた。幸い現場で作業していたスタッフは、西側の堤防に上り難を逃れ、うちの船も無事であったが、陸に打ち上げられた船も1隻2隻ではなかった。

第2波が来たのはそれから20分後くらいだったと思う。西側の防波堤まで猛ダッシュで駆け上がり、そこから見た津波の姿は、後の者たちに伝えて行かなければならない。自然や環境に負荷をかけすぎているのではないか、経済優先の上に成り立つどんな備えも、自然を怒らせたらひとたまりもないのである。

漁「師」として、後世に伝えたいこと

操縦士、機関士、航海士などの「士」と、漁師の「師」は、明確に使い分けられていて、「師」は人に対して指導的な立場の人や、教育するという意味を含んでいる。つまり漁師の「師」の持つ意味は、その「技や想い」を後に続く者たちに伝授して行くべきものである、ということなのだと推測される。

事実、魚獲りの技術は職人技であるし、網仕事に至っては紛れもなくその最たるもの

だ。先人たちは、自分たちの働く海に見合った漁具を、改良を重ねてほとんど手仕事で作ってきた。私は親父から、親父も祖父から譲り受けた漁具をベースに、その時期の狙う魚や、働く漁場に見合った漁具を作ってきた。継承すべき大事な技だ。

ただ、魚の獲り方や漁具の作り方もさることながら、これからの漁師たちに伝えなければならないのは、その「想い」の部分であると思う。特に、小規模ながら我々のようなまき網の場合、その道具の使い方次第では、漁業資源に対して「大量破壊兵器」ともなり得る。

2014年版のWWF（世界自然保護基金）の指定するレッドリスト（絶滅の恐れがある種）として、太平洋クロマグロが指定されたが、その産卵期に山陰地方の日本海で行われるまき網による漁獲について、度々物議を醸している。大手水産会社所有のまき網船団が、山陰沖で産卵に集まったクロマグロを一網打尽にしてしまう。しかも市場では超安値で取引されている。これについて、関係省庁が規制を掛けようとしないから、長崎県壱岐市のマグロ一本釣りの方々が、やむを得ず声を上げた。度々メディアでも取り上げられ、私も彼らのお話を伺ったことがある。

古くから我が国には、魚卵を食べる文化があるが、クロマグロの卵の料理は美味しいのであろうか？　もし「旨いから食ってみろ」と勧められても、罪悪感から食べられないような気がする。

東京湾に多く生息するボラの卵などは、カラスミの原料として珍重されている。我々もかつて、２０００年ぐらいまでは子持ちボラを捕獲して、時には卵だけを箱に並べて出荷していた時期もあった。無残なのは卵を抜かれてしまったボラである。市場でもゴミ扱いにしかされないので、以後そういう形での出荷はやめることにした。

また最近では、ボラの卵に商品価値が出るころには、すでに産卵のために南下してしまい、我々の漁獲の対象からは外れてしまっている。というか、ボラ自体の姿も減ってきている。

いずれにしても、抱卵魚の捕獲は、いかなる理由があろうともやめた方が良いのではなかろうか。せめて卵を産ませてやりませんか。それまでまき網の捕獲を我慢しませんか。

我々の東京湾漁業の後継者たちには、「師」として、そのことを強く伝えている。すべてが我々東京湾漁業を持続可能なものとするために、である。

師として、漁労長として、父から学んだ日々

師弟関係と言えば、学問や研究の場合、「先生と生徒」、あるいは「教授と学生」、スポーツや武道ならば、「監督、コーチと選手」または「師匠と弟子」などであるが、職人の世界、とりわけ1次産業の後継者たちは、「親から子へ、子から孫へ」、そして「親方から弟子たちへ」といった独特の世界である。

今から35年前の私の場合、そもそも漁業の現場に入って行ったのも、自らの意志というよりは〝祖父に託されて〟であったので、始めのうちは親父に弟子入りしたという感覚はなかった。まして当時の大傳丸は、「仕事は見て覚えろ」の職人集団であったから、親方の倅（せがれ）だからと言って、当然特別待遇などはなく、むしろ好奇の目で見られていた。

と言うのも、大学を卒業して船に乗るのも変わっているが、イヤホンで音楽（本当は中小企業診断士講座のカセットだったが……）を聴いているし、日経新聞も読んでいる。周りの先輩漁師たちからは「何だかとっつきにくいガキ」だったに違いない。

ただ仕事はまじめにやるし、好奇心も旺盛だったから覚えも早い方であったと思う。次第に周りの先輩たちから声もかけてもらえるようになり、色々な「技」を伝授してくれるようになった。網のきより方（補修の仕方）、ロープワークやさつまの入れ方（ロープの編み方）、特にワイヤーのさつまなどは、まるで手品のようだった。せっかく教えてもらったその技も、普段やらないから今ではもうできない。

3年目からは親父（当時漁労長）の隣で舵を持たせてもらうことになった。子供のころからの憧れのポジションにつくと、そこからが本当の意味での、親父との「師弟関係」の始まりであった。「遠くに目標を決めて、それを目指して船をやばせろ（進めろ）」「網は亀の甲羅のように張って行け」「大舵（おおかじ）を切るんじゃない」等々。この期間に東京湾のまき網のイロハを、師匠から直接伝授してもらった。今となってはとても懐かしく、一番楽しかった時代であった。

現在の大傳丸では、新人教育に際しては担当の教育係を決めて、仕事だけでなく、生活一般やプライベートの相談にまで乗ってやったりしている。後輩に伝えて行くには、日頃から自らのスキルを磨いておく必要があり、教える方の成長を期待したためでもある。

「大舵を切るんじゃない」
「遠くに目標を決めて、そこを目指して船をやばせろ（進めろ）」
この2つの言葉は、私が初めて船の舵持ちをやらせてもらった時に、親父から教授してもらったものだ。

船の航海法はどこか人生や経営と似ているような気がする。つまり「遠くに目標を決めて……」は「長期的な目標を決めろ」に似ているし、「大舵を切るな」は「あまり極端なことをするな」ともとることができる。しばしば「世間の荒波に揉まれ」だとか、人生を航海に例えるのは、こうした所以があるからなのだと思う。

まず「大舵を切るな」とはどういうことかというと、船の場合、車の運転と違って波の影響を受けるから、左右に揺れるローリングや、また前後のピッチングという現象が起こる。操船初心者の私は、船のバランスを確保するために、慌てて舵を左右に切りたがる。例えば後方から波を受けて波と同じ方向で進むツカセで航行中に、大きく面舵（おもかじ）でも取り舵でも90度切ったとする。船は真横からまともに大波を受けて、下手をすれば転覆の危険性がある。

　もしそんな状況で90度方向転換をしたい時は、船体のバランスを意識して、少しずつ小舵を左右に切りながら、斜め後方から波を受けるように、波の大きさにもよるが45度ぐらいの進路変更に留めておく。しばらくそれをキープして進む。次にこれも少しずつ舵を切って、今度は90度変針して斜め前方から波を受けるように航（はし）る。つまり直進できないような大波を、真横から受けなければならないような時は、回り道ではあるがジグザグに走行するのである。

「遠くに目標を決めて」とは、つまりその通りである。特に東京湾の場合は、船舶の往来が激しく、かなり過密である。周囲の様子は広い視野で確認していなければならない。


　おや？　そうか！　この2つの言葉は、経営や人生に置き換えることができる。「大舵を切る」とは極端な行動をすること。用意周到に準備されて、きちんとした事業計画ができていて、リスクマネジメントも完璧ならば良いが、そうではないのに、いきなり大金を使うような設備投資をしたり、周囲の意見も聞かず自分勝手な行動をとったりすれば、それ相当のリスクを負うことになる。

また「遠くに目標を決める」というのは、長期目標を立てて、それに向かって邁進して行くという、まさに経営や人生そのものではないか。目先の利益や安易さにとらわれすぎて、本質を見誤ってはならないという、経営訓や人生訓そのものである。「人生という航海」「人生の荒波」、なるほど、しばしば人生を航海に例えるのは納得できる。また親父はこうも言っていた。

「波の数を数えて、大波のところはなるべく避けるように自分の進路を決めて行け」。これは人命を預かっている船頭という立場がそうさせるのであって、決して「嫌なことは避けろ」という意味ではないだろう。危険を極力回避したいのは当たり前のことだ。親父から舵持ちという操船技術を教わりながら、「経営とは」「人生とは」を教わったのである。猪年生まれの猪突猛進、当たって砕けろの私にとって、丁度良い戒めの経営訓、人生訓となっている。

乗組員に「新感覚」を伝える仕事

35年前、最年少学卒漁師などともてはやされ、地元の新聞にも載せていただいた時から、私自身、常に新感覚を求められてきたような気がする。「今の若い人の感覚」として、漁の仕方と言うよりは、販売の方で特にその傾向は強かったように思う。もっとも漁の仕方には、新感覚も何も、魚を獲らないことには話にもならないからである。

31歳の時に、親父から「おめえやれ」と言われ、栄えある大傳丸六代目漁労長に就任した。六代目と言うのは、まき網の形態を始めた初代漁労長が祖父で、二代目は東海林銀次さん、三代目は伯父が務めた。三男であった親父の義彦は、当初「たたき」と言って、小さなまき網の方を回していたが、乗組員たちに推挙され四代目と言うことになった。五代目は親父が病気になってから、一時期を相川武夫さんが務めてくれた。

私が六代目になったのは、親父が復帰して間もなくのことであった。まあ、それはそれは……まったく獲れなかった。学生のころ「漁師なんか……」と、どこかで見下していた自分が味わった、初めての挫折である。周りからは、親父が魚獲りが上手かったので、御多分に漏れず比較された。

当時夏のスズキ漁は昼間で、2トン以上獲れると大漁旗を揚げて、港へ戻るのが習わしだった。周りの船が次々と大漁旗を揚げて帰港して行くのを横目で見て、いつものように残業をしなければならない。乗組員たちはみんな大先輩なので、まともに顔が見られなかった。やっと人並みに魚が獲れるようになったのは、漁労長になって3年ほど経ってからであった。その間、何人ものベテラン漁師が辞めていった。

あれから26年の歳月が流れ、日によって運不運はあるが、何とか船橋3ヶ統のまき網の中でも、見劣りしない程度には魚は獲れるようになった。逆に今は「魚を獲らない」という選択をすることもある。乗組員たちの中には、「獲りに来ていて、どう考えても獲れるのに、どうして獲らないのか」、初めのころは不思議に思った人もいたことだろう。

しかしながら、時化の時に行う座学や、海光物産の雰囲気を察知して、「親方は相場を下げたくないから、これ以上獲らないんだろう」「資源を無駄にしたくないから獲らないんだろう」と、理解してくれていると思っている。手前味噌になるが、大傅丸の乗組員たちの意識レベルの高さを感じる。

ハイテクな漁労機器の搭載された今となっては、経験もさることながら、それらを使いこなす技術さえあれば、そこそこ魚は獲れると思う。私も経験こそ積んだものの、逆に感覚とか勘は、古く錆付いてきたように思う。

〝新感覚〟と呼べるかどうかわからないが、ある意味で「魚を獲らないこと」、正確には「魚を獲りすぎないこと」という感覚を、若手漁師たちに伝えて行こうと思っている。凪の日に休漁したり、獲れるのに獲らなかったりすることの勇気と大切さを伝えて行こう。

そして代わりに、その時にするべき仕事を用意しておいてやろう。それが私の経験を通して得た、江戸前漁師としての「新感覚」なのかもしれない。やがて、今よりもさらにハイテク機器や、インターネットを駆使した漁業が主流となって行くことであろう。

重要なのはそれを使う「若手漁師」たちの感覚である。少なくとも大傅丸乗組員の平均年齢が、今の私の年齢に達する時までは、この漁業を続けていられる環境は残してやらなければならない。それが先を歩く者の最低限の義務なのだ。

31・25歳の乗組員たち

今年58歳の私も含めた、現時点での大傅丸の乗組員たちの平均年齢のことである。単純に言えば10年後は41・25歳になる、はずである。しかしかなりの確率でそうはならないのがこの経営体の難しさである。

ちなみに昨年の同じ時期は29・25歳で、統計は取っていないが、大傅丸の歴史の中でも30歳を切ったのは初めてのことではないかと思う。つまり若い人たちが集まってはくるが、なかなか定着しない、というのが悲しいかな現実である。

定着率が悪いのは、ひとえにここの労働環境が良くないから、と言われればその通りなのであろう。それだけこの職場に、待遇面も含めて魅力がないということの証明でもあるかもしれない。それは率直に認めて、改善すべきは改善して行かなければならない。全国的に見ても、中小のまき網漁業が持つ恒常的で、しかも最大の課題は乗組員の確保であると言っても過言ではないのではないだろうか。

「最低保証月25万プラスボーナスあり」「各種保険完備」「年末年始大型連休あり」「住宅手当・職務手当・マッスル手当他各種手当あり」等々、インターネットサイトや漁業就業者フェアなどを通じて、広範囲に漁業の面白さや魅力を発信している。漁業に興味のある若者が多数いるということはとても喜ばしいことである。

縁あってウチに来てくれた若者たちを、一人前の漁師に育て上げたいし、またたくさん稼がせてもやりたい。入って間もないころは、すべてが刺激的で、彼らの血も騒ぐし、覚えることがたくさんで、あまり脇目も振る余裕もない。

しかし何年かのキャリアを積んでくると、大方の人は一定の壁にぶつかり悩む。「ほかの漁業も経験してみたい」「ここで将来自分はどういうポストを目指すのか」あるいは「漁師じゃない仕事がしたい」「もっと給料の良い職場に行きたい」等を考える余裕というか不安要素が見えてくる。

前の2つは、比較的積極的な悩みで、時には相談を受けて、結果として辞めて行く場合もある。この場合、本当に残念でならないが、応援して送り出してやるしかない。一方で後の2つの場合、多少の昇給はできるようなものの、こうなるとこれはどうしてやることもできない。

こうして文字にしている間にも、若者たちは常に「俺はこれでいいのか」と考え悩んでいるのかもしれない。これは止められようもない。自分もそうだったし、彼ら一人ひとりの生き方なのだから……。

ただやはり一緒に船で経験してきたこと、大漁を喜んだり、時化を食らって恐い思いをしたこと、それらを共有してきた仲間が去って行くのは、本当に辛く寂しいことだ。なぜなら私が社長でいられるのも、彼らあってのことに他ならないからである。

愚痴を言ったついで、と言っては語弊があるかもしれないが、ここで弱音を吐いておこうと思う。私にはぎっくり腰で痛めた慢性の腰痛と、生まれ持った視力の弱さという欠点があり、それを最近になって特に感じることが多くなっている。着実に代替わりの時期は近づいている。

独身漁師たちの定着率向上のために、船上婚活パーティーを開催。彼女や守るべき家庭ができれば、そう簡単にやめていかなくなるだろうという目論見だったが……

コラム

理論漁師学

～大傅丸の一員としての心得～

第16回　2017年4月17日

【1】漁師道

大傅丸における漁師道、すなわち漁魂とは、魚に対しての敬意のことを言う。

俺たちは魚に生かされている。魚の最大価値を引き出すことで、その恩に報いる。そのためにそこに魂を込めて、あらゆる準備をする。そして〝勘〟を含む知力と能力、経験分析によって、たまたま彼らとの知恵比べに勝った者だけが、良い漁をすることが許される。しかしそこに決して傲慢な傲りがあってはならない。

【2】漁労長の要件と資質

① 判断力：気象状況、漁場環境、そして漁労計器の情報等の総合的判断。即断即決。迷いは事故に繋がると思え。

② 実行力：判断に基づき冷静に実行に移す。ここでも迷いは禁物。

③　応用力：「網に教わる」…獲物の種類、漁獲量から次に展開。他船の動き。失敗を恐れるな。失敗して初めて気づくことが、つまり成功なのである。気づかない奴は残念ながら、漁労長には不向きである。

[3] 用語の研究

①　網の単位：長さ方向は10間切り。

尺貫法：旧単位が今でも使われている。

1間…通常は6尺（約1・818m）だが、網の場合は5尺で1間。

つまり1間＝1・515m、10間＝1越＝15m15㎝

網の長さ：真網…10間×25越＝250間（約378・75m）

逆網…10間×24越＝240間（約363・6m）

真網＋逆網＝25越＋24越＝378・75m＋363・6m＝742・35m

従って仮に網を円だと考えると、その直径は742・35÷3・14＝236・417m

②　漁場の呼称

ア．上手（うわて）…概略横断道路から北側

東行：船橋沖↓うちの下（前）↓前州鼻（めえずっぱな）↓鷺沼の下↓幕張の下（幕張前）↓幕張の深んど↓検見川の下↓観測塔↓検見川沖（稲毛の沖）の深んど↓稲毛の下↓千葉の下（千葉前、寒川前）↓千葉のミオ↓川鉄の下（流れ）↓君塚の堤防↓蘇我野の穴っこ↓浜野の川尻↓八幡の穴っこ↓君塚の穴っこ↓東電の下↓五井鼻↓千葉灯台↓青柳の穴っこ↓今津沖↓千葉航路↓今津の穴っこ↓一本煙突の下↓出光の穴っこ↓出光の流れ↓椎津の穴っこ
↓代宿の下↓代宿の穴っこ↓久保田の穴っこ↓東ガスの流れ↓東ガスの桟橋の間（桟橋のしもっかわ）↓蔵波（奈良輪）の穴っこ↓シーバース↓牛込の下↓長浦（ベタ）↓中島前↓ほたる↓スロープ

西行：うちの下↓三番瀬↓西の下↓行徳のミオ尻↓今川尻↓学校の下↓鉄鋼団地の下↓大洲の段口↓浦安のミオっぺリ↓浦安のミオ口↓ワンドのタカ↓ワンド沖↓デッパリのタカ↓デッパリ沖↓中川尻↓三枚州↓江戸前の沖↓大森ワンド↓羽田前↓多摩川尻↓風の塔

イ．下（しも）…横断道路より南側

東行：盤州↓ホゾ松の下↓木更津前↓木更津のミオ↓青堀のミオ↓東電の下↓東電の穴っこ↓富津前（ベタ）↓一海堡↓二海堡↓下洲↓大貫の下↓竹岡前↓金谷前↓浮島↓富浦前

西行：川崎前↓一の字の堤防↓日本鋼管の穴っこ↓扇島シーバース↓中央本線航路↓中ノ瀬↓横浜前↓本牧前↓根岸の輪↓イガイ根↓沖の根↓猿島↓横須賀前↓浦賀水道↓観音前↓浦賀前↓久里浜前

［4］海底の地形と底質

概略、上手は泥地、下は殻地か砂地、または岩場（根）

① 岩が掻くか掻かないか。

② 海図の利用。

［5］充実したフィッシャーマンズライフを送るために

①「獲ったか見たか」「宵越しの金は持たない」は、過去のもの。

② 自然が相手だということを忘れるな。

③ 体が資本だということに間違いはない。余暇にはトレーニング（マッスル手当）。
④ 若いうちから貯金の習慣を付けろ。
⑤ 仕事以外に趣味を持て。

［6］船橋は住むには良い所

暑すぎもせず、寒すぎもせず。買い物は便利。東京まで25分。その他交通が便利。

何より、大傅丸の仲間たちがそばにいるってことが最高。俺や仲間に出逢ったことも、運命として決められていたことなのかもしれない。

［7］船橋漁業の伝統

高度経済成長期の真只中に育った私は、日本を豊かにする花形産業は、工業製品を作るメーカーだったり、それを海外に輸出する商社だったり、あるいは第3次産業と呼ばれたサービス業であると考えていた。それに引き換え、第1次産業である家業の漁業は、就労人口も減少の一途を辿り、危険を伴う肉体労働でもあり、決してスマートな、誰もが身を投じたくなるような職場ではないと一般的にも考えられていた。まして当時の東京湾は、埋め立てを始めとする開発事業が盛んで、漁場は狭められ、一方では、湾岸に立地した企業からの工業排水が、水質汚染を深刻化させていた。しかし国内外の環境問題に対する意識の変化から、徐々にではあるが改善が見られるようになってはきていた。私が大傳丸に入社したのは、まさにそんな時だった。心配する母や叔母たちは、「せっかく大学まで出たのに……」とか、「なにも長男だからと言って、家業を継がなくたって……」などと、私の将来を案じてくれていた。父親が亡くなった後に聞いた話だが、どうやら親父でさえ、私を弁護士にさせたくて大学にやってくれたらしかった。

ここが人生の分かれ道。誰にも一生のうちに幾度かの大なり小なり、ターニングポイントがある。まず祖父の死に直面して、後を託されたこと。そう言えば長男の私は、後継として育てられてきたんだったなあ、と再認識させられた。私を弁護士にさせたがっていた親父も、近年のイワシの豊漁で、自分の代で終わらせるのももったいない、と思うようになっていた。半ばやけくそに「俺がやって、潰しても文句言うなよ」と大傳丸に入ったわけだ。そこが、漁師になりたくてここに来て、そして現にここにいる君たちと大きく違うところではある。がしかし、決めたのは自分自身だ。決して人のせいではないし、やる限りは負けたくないと思った。

その当時の乗組員は、今の君たちの数倍の技術は持っていた。経験もある。なのに動かない。陰で文句ばかり言う。稼いだ金はほとんど酒か博打に突っ込んだ……（ように見えた）。「何て低レベルな人種なんだろう、このままでは潰れる」と正直思った。だが色々なことも教わった。船橋は芝浦や羽田と並び、『御菜浦（おさいうら）』と呼ばれ、江戸時代、徳川将軍家に魚を献上し、特権を与えられていたこともその時誰かに教わった。東京湾を江戸前と言うのは、そのころから由来しているのではないだろうか？　さらに時が過ぎて終戦後、食糧難に貧していた関東近郊の人々の胃袋を満たしたのは、芋と我々が獲ったイワシだったようだ。先人たちからの一番の教えは、「俺たちは人に喜んでもらえる魚を獲っている。それが大事だ」ということだ。

　今や西は名古屋まで、その他東日本ほぼ全土の市場と取引をしている。我々の獲ってきた魚を待っている日本国民がいる。それを食べてくれた人が「美味しい」と言って喜んでくれたなら、そこに我々の求められるという存在価値がある。魚の鮮度管理は言うまでもなく、そんな「美味しい」魚が住める東京湾の環境を守っていくのも、そこまでの力はなくとも、せめて監視していくくらいはできる。それも伝統を受け継ぐ者の大事な仕事だ。それから最後に、あまりその時求められていない魚は、その時は獲らない方が望ましい。その魚も、そして君たちも、出番はいつかきっと来る。

[8] 2020年東京五輪を控えて

ブラジル、リオの次のオリンピックの開催地が、東京に決まった。世界各国から様々な文化を持った民族が東京にやって来る。また2013年、我らの「和食文化」もユネスコ無形文化遺産に登録された。和食と言ったら、魚は欠かすことのできない、最重要な食材だ。またイスラム文化圏の人々は、四足の動物の肉は食わない習慣がある。TOKYOの前、すなわちEDOMAEの魚を、全世界に知らしめる絶好のチャンスである。

また一方では、世界的規模での水資源の不足も叫ばれている。中国企業が北海道の水源地を買いあさっているという報道もあった。家畜を育てるためには、その飼料である麦やトウモロコシを栽培するために必要な水まで計算すると、家畜の重量の、牛で2万倍、豚で6000倍、鶏で3000倍の水が必要だということらしい。100グラムのステーキを食べるのに、水2トンを消費することになる。そんな「仮想水」の概念を魚に当てはめたらどうだろう? 日本は家畜を相当量の輸入に頼っているので、深刻な水不足には陥っていないとも言えるが、同時に魚食の文化がその一端を担っているからとも言えるだろう。私が引退して何年か先には、EDOMAE FISHが、世界中から注目される日が来るかも知れない。

漁師の面白さ

あるテレビのインタビューで「漁師の面白さは？」という質問に対して、「すぐに結果が出ること」と答えた漁師がいた。なるほど短気の自分が、こんなにも長く続けてこられたというのも、結果が出るタイミングが心地良かったからなのかもしれない。

ならばその結果とは何かを考えた時に、「決まってるだろう、大漁のことだ」と言っていたのは、おそらく30代のころまでだったろう。

当時の漁師の目標は〝魚をたくさん獲って稼ぐこと〟であったと思う。今も根本は大きく変わらないのだが、自分の意識の中で、社会貢献活動としての漁業であったり、魚食の普及活動であったり、また目利きであったりすると、日常生活にも変化が生じてくる。

つまり「明日はどこに行けば魚がたくさん獲れるだろうか」だけを呑みながら考えるのではなく、「市場や、あるいは消費者がどんな魚を求めていて、それに応えるためにはどこに行けば良いか」に変わってくると、休みの日に会う人や、身をおく場所が変わってきたりもする。もっと言うと、魚獲りをやっている時よりも、休日に営業活動をすることの方のウェイトが高く忙しい。

海光物産を立ち上げて、「獲ることよりも、いかに上手に売ること」ばかりを考えているうちに、「誰が獲ったとか、獲れなかった」などは、明日以降の操業の参考にはなるものの、たいした問題ではないと思うようになった。大事なのは「今日獲った魚の最大価値を引き出し、それを評価してくれる買い手に引き渡すこと」なのである。

そんな意味で、漁獲量を競う「漁師気質」という部分では、自分は負けず嫌いではなくなった。むしろ祖父の言うところの、「良い漁師とは、少なく獲ってそれを稼ぎにするのが上手い奴のことだ」という言葉が骨身に染みる。

「そう、勝負はその先にある」と言うとカッコ良すぎるが、「誰のために魚を獲るのか」を考えた時に、それが間違っていないということが納得できる。

まずは自分のために獲る。当然自分の家族を含め、乗組員の生活のための労務費、燃料費のほかに、漁具は消耗品であるから、それ以上のものがなければ経営は成り立って行かない。また獲れる時に獲っておかなければ、獲れなくなってからでは闘えないのも事実である。それ以外に魚を獲るということの意義は、そう、人のためでもある。「誰がどの魚を、いくらぐらいで、どれだけ欲しいのか、また欲しくないのか」。

「欲しい時」に供給してくれたなら、それは相手には当然喜ばれるし、良い値が付くのも当たり前である。問題となるのは、「欲しくない時」に積んでこられてしまった場合、それは相手の迷惑になるし、魚も廃棄処分同様の値が付く。本当に切ないことだ。

魚と人を繋ぐ

繋ぐこと、すなわち社会活動である。我々漁師の場合、魚を獲ってそれを流通させることによって、人間に食べてもらうということで、社会貢献をしていると自負している。

先にも述べたSNS上で、「魚屋さん友達5000人作ろう！」というグループに所属させていただいている。こちらも社会的に繋がるということであるが、そこで知り合った高畑勝仁氏に、ある日「市場流通の必要性」について伺ったことがある。

彼曰く「市場は目利きをするところ。それは鮮度を見分けることだけではなく、この魚を誰が欲しがっているのかを判断して、それを仲介してやること」とおっしゃっていた。

つまり魚と人を繋ぐということである。

今まさに「産直」だとか「中抜き」の流通が進行してきて、市場流通の良さが見失われがちになっている。我々もそういう流通も行っている。つまりそれをやる以上、買ってくれる、食べてくれる人に対して、目利きをしてやらなければならないということである。言い換えれば、「この魚はいつ誰が獲って、どのように処理をした魚であるから、このお値段でいかがですか」と、提案していかなければならない。

もはや不味くて値段の高い料理を出す飲食店を見つけることは、至難の業とも言えるかもしれない。消費者の満足度は、店内の雰囲気であったり、接客の対応もさることながら、自分が今「何を食べているかがわかる」を求めているのではないかと思う。それが安全であり、それが持つストーリーをわかっていただいて、それを「いただきます」ということで、それ相当の対価をお支払いいただく。空腹を満たすだけの食ではなく、なんと心を豊かにする食文化ではないだろうか。

先述の高畑さんはこうもおっしゃっていた。「漁師が獲ってきた魚は、みんななるべく無駄なく食べよう」と。そういう消費者を増やすことこそ、すなわち魚食普及であり、我々の魚と人を繋ぐという社会活動が、社会に貢献することになるのだと思う。

5章 これからをどう生きるか

詩人で書道家の故相田みつを氏の『いちずに一本道いちずに一ッ事』という詩の一節である。「いちず」という言葉も「一ッ事」という言葉も、私はとても好きである、と言うか憧れがある。どこかのCMのセリフで、名優、故高倉健先輩（明治大学商学部卒）が「不器用ですから……」というような、ある種の男の美学のようなものを感じるからなのであろうか。

幼いころ、「和坊は器用だね」と、いろいろな人からよく言われていた。大人になると、「器用」というのは〝男の美学〟的にはあまり格好の良いものではないと感じるようになった。裏を返すと、「何をやっても中途半端で極めるものがない」ということではないか。「信念がない」とも思った瞬間があったのである。

だからこそぶれずに「一ッ事」を、しかも「いちずに」やって行きたいのである。そんな中で、「お前、本当に船に乗ってるのか？」とか、「本業をもっと真面目にやったらどうか？」などと言われることもある。

しかし何と言われようとも、私は「いちずに一ッ事」をしているのである。スーツにネクタイで営業活動をしたり、ポスターやチラシのデザインをしたり、プロモーションビデオを撮ったり、すべてが本業に繋がっているし、これこそが、人生を楽しむということなのだと思う。本気で仕事に取り組もうとしたら、王道を歩いているだけではわからないことがたくさんあると思うのである。

スポーツや戦争には「攻守」がある。経営にもこれに当てはまるものが多々ある。タイミングを間違えて攻めると、取り返しのつかないことにもなりかねない。また守ってばかりでも、いたずらに時間だけが経過して、体力を消耗し、やがてはあえなく敗れてしまうこともある。

もちろん、どちらが良いとは一概に言えない。臨機応変、時と場合、チャンスを見て一気に、様々あろうが、気の短い私は、とりわけ待つのが嫌いである。7対3ぐらいで、まず自分から動く。そして大体が失敗して後悔する、というか、反省する。

「もう少し待っていればいいのに」「誰かのやったのを見てからでも遅くないだろう」とか、よくたしなめられたりする。でもやれば何らかの結果は出るし、待っていると、時間は確実に消費される。また人の失敗や成功を見ても、所詮人の経験でしかない。

大企業の意思決定ならばともかく、元々零細なワンマン経営である。現状維持を狙えば、必ず時間というロスが出ることだけはわかっているのであれば、気力と体力のあるうちに勝負に出る。

やがて形あるものは壊れるし、動こうと思っても動けなくなる。「慌てる乞食は貰いが少ない」かもしれないけれど、大損じゃなきゃ良しとしよう。まず思ったら行動して、誰よりも早く失敗して、次の方法をまた試してみよう。もしかしたら、失敗と成功の両方を経験できるかもしれない。

鉄人の仕事

船橋漁港に限らず、日本全国の沿岸には「鉄人」や「名人」、あるいは「神」と呼ばれるような先輩漁師たちがたくさんいらっしゃることだろう。強靭な肉体と精神力、そして何より海や魚が大好きなのだと思う。

船橋の「鉄人」は、今年から若い弟子を乗船させているが、80歳を超えても、たった一人で底曳船をまわしていた。しかも深夜である。時には「鉄人」から見たら、息子の年齢ぐらいの（私も含めて）若い漁師たちが、「今日は時化だべ」と言って沖に出ない時でも、たった一人でも漁に出ることもある。本当に心から尊敬する一方で、そのモチベーションは一体どこから来るものなのであろうかと、謎にさえ思う。

私は以前から「60歳になったら船を下りる」と、周囲の人たちに言ってきた。祖父は55歳の時に腸捻転を患い、それを機に船を下りた。親父はちょうど60歳の時に、肺癌が見つかり船を下りた。他にも先輩方が船を下りる時を、幾度となく見てきた。ほとんどの場合、「体力的な限界を感じて」と言う理由であろう。

しかし、直前まで船でバリバリ頑張っていた人ほど、船を下りたとたんに、老け込んでしまう。それだけ肉体の衰えを、精神面でカバーしてきたのだろうと思う。

そもそも私が60歳で船を下りると言ってきたのは、自らが本当に漁師と言う職業に就きたくてやってきたものではないから、というのが正直なところであった。だがここ数年は、後の者に現場は任せて、自分は陸に上がって経営を続けて行くためだからという気持ちの方が強くなっている。昼間に寝て夜海に出るという、昼夜逆転の生活では、対外的な活動をする上で、相当のマイナス面がある。かと言って、私が漁に出たり出なかったりでは、後を任される方もやりづらいであろうし、そんな中途半端な態度で務まる任務でもない。

私には今年26歳の長男がいる。だが彼はまだ船には乗っていない。私も彼が生まれてから、ついこの間まで「不安だらけのこの漁業で、息子に苦労させたくない」と思っていた。それは今思うと、なんと無責任なことだったのだろうと反省している。今現在、船で働いてくれている乗組員たちに対してでもあるし、「跡継ぎ」として生まれてきた息子に対してでもある。後を継ぐかどうかは、もちろん彼の自由である。私は今まで、現状を悲観するだけで、これを打破しようと本気で取り組んでこなかったのである。

「内湾のあぐりの（東京湾のまき網の）漁労長だけは、家の者がやらないと潰れる」という話を、親父から再三聞いていた。直系の跡継ぎならば、家業であるから頑張って家を守って行くという自覚があるが、雇われ沖合では、与えられた時間にやれるだけの事さえすれば良いと考えるから、という意味なのであろうか。事実船橋のまき網3ヶ統とも、沖合は直系の跡継ぎが務めていて、そうでないところはみんなやめてしまった。

私は以前から、格好をつけるわけでもなく、「曲がりなりにも会社組織である以上、その時々に最高のパフォーマンスを発揮できるものが漁労長をやれば良い」という持論を展開していた。なので、私の持病である腰痛が悪化したり、視力がもっと低下した時には、私の一番弟子の湯村君に任せることを決めている。

実際にどうしても沖を休まなければならない用事があったり、インフルエンザに感染したりした時などは、彼に沖合を任せている。彼にもこの道20年のキャリアもあるし、とても責任感の強い男なので、何とか私のピンチヒッターとして結果を出そうと必死で頑張っている。

彼が入社した当時から、祖父や親父の「漁魂」の話は聞かせてきたし、日々私の相方を務めているので、私の漁に対する思いや働き方を、誰よりも理解してくれているものと信頼している。そして任せる以上、彼の思い通りに大傳丸船団を操り、成功した手柄は彼のもので、もし失敗してもそのケツは私が持つ。

しかしそんな彼を始め、大傅丸の乗組員の誰もが望んでいるのは、どうしても我が家の直系ということになってしまう。私が生きていて、認知症などを患うこともなく元気で船で頑張っていられるうちは良いが、もしもの時、例えば経験が浅い、若い乗組員が仕事中に怪我をしたりした場合、責任を彼らに背負わせるわけにも行かない。今いる10代の若者たちが65歳になるころは、運良く生きていたとしても私は100歳を超えている。いくら何でも船にはいられないであろう。万が一に備えて、「俺にもしものことがあった場合の10条」を書いてはあるが、果たしてそんなに思った通り上手く行くものでもあるまい。

父親としての私は、長男を漁師にしたいと思ったことは、これまで正直一度もなかった。自分と同じ思い（苦労と言えるものではないが）をさせたくはないと思っていた。祖父が私に言ったように「後は頼む」という言葉を、彼の祖父に当たる私の親父がいなくなってしまった今、彼にかけるその役回りをするのは私しかいない。もしその時が来て、私が息子に望みを託すとするならば、それは大傅丸の沖合としての息子だったらこの上ないが、必ずしも船に乗るだけではなく、経営者としての跡継ぎになってほしいということなのだろうと思う。

目標にしていた60歳を間近にした今、私は遅ればせながらではあるが、彼らに安心して後を任せられる環境を整えている最中である。そしてこの伝統ある江戸前漁業の歴史と文化を、是が非でも次世代に受け継いでもらいたいと、心底からそう思うのである。

私の夢

夢については本当に多くの人が語っている。「こうなりたい」「かくありたい」「あれが欲しい」。言葉は悪いかもしれないが「欲」と並んで人生を生きて行く上で、大きなモチベーションとなるのは間違いない。「夢と欲」「夢と浪漫」「夢と希望」。夢とは、それだけ人にとって崇高なものであるし、万人に与えられるべき権利でもある。

これ以上踏み込んで行くと、私如きが語るべきものの範囲を優に超えてしまうので、我に返ることにしよう。

私にもこれまで節目節目に夢はあった。今の夢は、やはりこれだ。

―2020年の東京五輪において、我々EDOMAEの海産物で世界中のアスリートや観光客をもてなすこと。そしてこの美味しさを全世界に発信すること―

これが今の私の夢である。あえて「もてなしたい」「発信したい」と言うのではなく、「こと」と言い切ることによって、希望や欲ではなく、夢となったのである。こうして自分の夢を、人に語れるだけでも大変幸せなことだと思う。

この思いを語ったのはテレビ出演がキッカケだった。

BSフジの『一滴の向こう側』という、4週間にわたって放送されるドキュメンタリー番組であった。テーマは「師匠と弟子」という、若手育成の手法について、家具職人の世界では第一人者であり、「木の道」を掲げる秋山木工さんの秋山利輝社長とともに、光栄なことに「漁魂」を掲げる私が取り上げられたのである。

2014年6月14日、『一滴の向こう側』の第1回目が放送され、最終回の第4回目が放送されたのは7月5日であった。ちょうどこの1か月前に、日本橋のスタジオで収録があり、中田有紀アナウンサーのインタビューに答える場面がオンエアされた。「大野さんの夢は何ですか」という問いかけに対して、「2020年の東京五輪に江戸前の魚を提供して、全世界にその美味しさを発信すること」と即座に答えたことがそもそもの事の発端。

その日から、資源管理型漁業経営への方向が固まった。いずれにしてもネット社会の昨今と言えども、テレビが持つ情報発信力というものの凄さを、改めて思い知った。

一度口に出して、しかもそれがテレビの電波を通じて不特定多数の人に見られたとなったら、もうこれは後には退けない。目標に向かって前に進むだけである。先祖に対して恥をかかせるわけにはいかない。

拙著の執筆も終わりに差し掛かろうとしている矢先、被災地東北からビッグニュースが飛び込んできた。宮城県塩釜を拠点とする水産会社が、カツオとビンナガマグロの一本釣り漁業で、MSC認証を取得したそうだ。「環太平洋パートナーシップ協定(TPP)」や、アメリカ、中国が批准を表明した、国際的な地球温暖化対策などの環境問題の枠組みである「パリ協定」等が、メディアを賑わせている昨今、これらに深く関わるこのニュースが、被災地東北から発信されたことは大変意義深いことだと思う。

いずれにしてもMSCの高いハードルを知る私は、これをクリアした宮城県の水産会社には敬意を表したい。と同時に、マスコミやメディアも、もっとこうしたニュースを取り上げるべきだと思う。また政府も、トランプ大統領が脱退を表明したが、もし仮にTPPのような外交交渉で日本が主導的立場をとることを目指すのであれば、このニュースなどは〝外来語に反応しやすい〟国内世論を動かす絶好のチャンスでもあるのではないだろうか。そして今、それを世間に知らしめることは不可欠だと思う。言い方を変えると、大変なご苦労をされて取得したMSC認証も、世論や消費者の理解と協力がなければあまりにも報われないからである。

「KIWAMERO命」

私が常々思っているもう一つの言葉だ。すなわち「魚の命を極めろ」ということであるが、「待てよ、魚を殺してそれを売って飯を食っている漁師が、魚の命について語るのか」と思う方も多くいらっしゃることだろう。しかし、魚の命をいただいている我々漁師だからこそ、その命に報いるために、魚と共存して行くために、海洋環境を保全しつつ、きちんとした資源管理の下、魚の本来持っている価値を最大限に引き出す努力をするべきだと思うのである。

私の祖父のように、100年後の東京湾漁業を想像することは今の私にはできない。しかし我が国の水産物も科学技術やアニメ文化と並んで、これから先、これまでとは違った形で国際社会において主導的立場をとるだけの資質を十分備えていると思うのである。そのためには、漁労技術そのものもさることながら、それを司る漁師たちも水産物に対する意識を高く持ち、周辺の中国、韓国、台湾に先んじて国際社会の認知度を高めて行かなければならないと思うが、「言うは易し……」。そうたやすいことではなかろう。

しかし国際世論を日本の漁師の味方に付けなければ、周辺諸国の所業を管理することなどは不可能である。周辺諸国まで巻き込んだ水産資源管理基準を策定するためには、100年以上の歳月を要するかもしれない。しかし少なくとも東京湾漁業に関しては、その継承者として魚に生かされて、魚を愛する漁師の端くれとして、100年先くらいは想像が消費者とともに、歩を進めて行きたいのである。

できるようでありたい。そして今度は伝承者として、賢明な我が国の「魚食の民」である

「持続可能性に配慮した水産物の調達基準（案）」

2017年が幕を開けた。東京湾北西部は、北北西の風が2メートルほど、穏やかな晴天である。

2016年12月13日に、東京オリンピック・パラリンピック競技大会組織委員会から「持続可能性に配慮した水産物の調達基準（案）」が発表された。「おや？」「うん、やっぱり」というのがそれを読んだ時の私の感想である。

2020年の東京大会に水産物を供給するサプライヤーは、次の4つを満たすものの調達を行わなければならない。
（1）漁獲又は生産が、漁業関係法令等に照らして、適切に行われていること。
（2）天然水産物にあっては、科学的な情報を踏まえ、計画的に水産資源の管理が行わ

れ、生態系の保全に配慮されている漁業によって漁獲されていること。
（3）養殖水産物にあっては、科学的な情報を踏まえ、計画的な漁場環境の維持・改善により生態系の保全に配慮するとともに、食材の安全を確保するための適切な措置が講じられている養殖業によって生産されていること。
（4）作業者の労働安全を確保するため、漁獲又は生産に当たり、関係法令に照らして、適切な措置が講じられていること。

ポイントとなるのはこの1文である。

「MEL、MSC、AEL、ASCによる認証を受けた水産物については、前の（1）～（4）を満たすものとして認める」

当然MSCやASCは、掲載されてしかるべき認証であることは理解していた。2012年のロンドン五輪、2016年のリオデジャネイロ五輪でも採用された世界基準の認証であるからだ。昨年の今ごろまでは、「2020年も同じルールが適用されるであろう」

と言われていた。我々がMSCのことを勉強したり、予備審査まで受けたのも、東京大会に江戸前の海産物を供給するためには、ひとえにこの認証が不可欠であると言われていたからに他ならない。

他方MEL（Marine Eco-Label）やAEL（Aquaculture Eco-Label）については、「あくまで日本独自の認証制度であるから、IOC（国際オリンピック委員会）を始め国際社会からは当然認められるはずもない」「国際基準というものは、そんなにたやすいものではない」と言われていた。しかし今回発表された「案」には、MELやAELも認められているではないか。

先ほど「おや？」「うん、やっぱり」と言ったのは、実はこのことは私の予想通りだったからである。なぜならMSCやASCの認証を受けた漁業や養殖業は、今のところ我が国には数カ所しかなく、「2020年東京大会に出すことのできる江戸前寿司のネタのほとんどが欧米産」だなど、水産大国日本の威信や面目にかけても阻止しなければならないからだ。

我々も当初の目的は「2020年の東京五輪において、我々EDOMAEの海産物で世界中のアスリートや観光客をもてなすこと。そしてこの美味しさを全世界に発信すること」だ。ならばより認証が受けやすく、費用も安上がりなMELの認証を受ければ、その目的はもしかしたら達成されるかもしれない。さらに昨年実施した予備審査の結果から言うと、このままではMSC本審査での認証取得は困難であると思わざるを得ない。

今、我々の東京湾のスズキ資源は果たしてどうなのだろうか。繰り返しになるが、十数年の間、「東京湾のスズキの資源量は、高位安定的である」という認識の下、きちんとしたその資源量調査や種苗放流も行われてはいない。一方では、市場でキロ当たり100円か200円の抱卵スズキを獲れるだけ獲ってくる漁師もいる。このまま放置していたらどうなってしまうのか、不安に思うのは私だけではないと思う。

世界中で行われてきた水産物の乱獲が原因で、あわや絶滅の危機にまでさらされたカナダのタラや、大西洋のクロマグロのように、今では資源をきちんと管理して将来まで持続可能なものに回復させた事例も報告されている。

五輪は終わってしまえば、後に残るのはプラスかマイナスのレガシーということになるのであろうが、我々はその先もここで生きていかなければならない。海を死滅させてしまえば、漁師そのものが持続不可能になってしまうし、そこに祖父から受け継いできた「漁魂」も死に絶えてしまうのである。

この2020年の東京五輪が、我々東京湾の漁師たちを覚醒させる一縷のきっかけになってほしいと率直に思うし、私個人的にはそろそろ本気で資源管理のためのルール作りをしていかないと、手遅れになってしまうのではないかとも思う。

レガシーとなるのは、決して何万人収容できるスタジアムや競技場、公園だけではない。我々東京湾の漁師の頭の中に、「サスティナブル（持続可能）」という言葉の本当の意味を植え付けることも、この2020年東京大会の貴重なレガシーとなり得ることであると思うし、そうあることを願ってやまない。

２０１７年３月ボストンで見たこと、感じたこと

２０１７年３月のある日の午後４時25分、東京国際空港でミネアポリス行きに搭乗し、目的地ボストン行きの便に乗り継ぎ、現地に到着したのは現地時間の19時５分。東京とボストンの時差は13時間なので、羽田から15時間余りの時の経過とともに、とうとうここまで来てしまった。

MSCのブース前で。2017年3月

北米最大のシーフード見本市と商談会『SEAFOOD EXPO NORTH AMERICA・2017』に参加するためである。とは言っても今回は海光物産がブースを出すわけではなく、我々が今取り組んでいるＦＩＰ（漁業改善計画）を成功させるために、世界で行われている数々のＦＩＰの事例を検証することが主な目的である。

また同時に展示会の各ブースを回って、何かを感じて吸収してこようと言うのも、もちろん大きな目的であった。

ＦＩＰの事例は、ブラジルのアンコウとインドネシアのマヒマヒ（シイラ）の事例に引き続き、オーシャンアウトカムズの事務局長、ディック・ジョーンズ氏によって、弊社の東京湾のスズキのＦＩＰが紹介された。どこのＦＩＰにも共通して言えるのは、最初は科学的な資源量評価ができていなかったということで、したがって我々のＦＩＰもデータの集積が最も重要であるということになった。当然と言えば当然のようだが、これが基本になるということは紛れもない事実である。

各ブースには、国際認証のロゴマークが所狭しとばかりに並んでいた

一方、展示会々場で否応なく目に入って来るのが、ＭＳＣ、ＳＧＳ、ＩＳＯ、ＨＡＣＣＰなどの認証マークを掲げているブースである。聞けばこのイベント自体は、水産物がサ

スティナブルであるということが条件ではなく、現に会場内でひときわ目立つ宣伝をしていたJAPAN PAVILIONには、こうした認証マークは見当たらなかったと思う。このこと一つをとっても、日本と海外のサスティナブルシーフードへの意識の違いを感じた。

もう一つどうしても目についたのは、Sea Bass、つまりスズキである。多くのブースで、東京湾のスズキやクロダイに似た魚が陳列されていたが、正直どれも美味しそうには見えなかった。裏を返せば、「もしここに俺たちの魚が並んだらどうなることだろう」などと想像すると、思わず笑ってしまった。そのためにはまず冷凍フィーレの製造が不可欠だということを再認識させられた。

ボストンという場所について触れておきたい。1776年アメリカ建国当時の13の州の1つ、東海岸のマサチューセッツ州に位置し、たかだか240年と歴史の浅いアメリカの中でも、独立当時の歴史を偲ばせる場所があちらこちらにあった。港があり、かつては海産物も水揚げされていたという。東京湾のどこかにありそうな風景も、一層親しみを掻き立てた。

夕食は同行してくれたオーシャンアウトカムズの岡本類君が、1826年開業で、アメリカでも最も古いレストランの一つとされる『UNION OYSTER HOUSE』を予約してくれた。ロブスターと牡蠣をいただいて、かつて漁港として賑わっていたであろうボストンに想いを馳せた。でもやっぱりボストンのお土産は、レッドソックスのキャップと決めていた。

2日間滞在したボストンを後に、国内線を乗り継いで西海岸のポートランドに向かった。国内なのに3時間の時差があるのが大陸である。こちらはアメリカの中でも白人の多い場所のようだ。リベラルな民族性が強く、ゲイやアーティストも多いということである。我々のＦＩＰをともに遂行していただいているオーシャンアウトカムズの本部がここにあった。

この日の夜は、和食かラーメンが食べたいということになり、ならばサスティナブル寿司屋があるというので、そこを取ってもらった。寿司屋に向かう途中、雨季のポートランドは雨が降ってきた。手回し良く折りたたみの傘を用意していた私は、中国人のフェン・ジエ君を傘に招き入れ、〝アイアイ傘〟の状態で歩いていたのだが、後で思うと、我々はゲイだと思われていたに違いない。店で食事をしていた男女がこちらを見て笑っていた。

そうでなくても滅多に傘をさしている人を見かけない土地柄である。かなり目立つ存在だったのであろう……。

平日の夕方、しかも同時刻にWBCの準決勝、日本対アメリカの試合があるというのに、店内はほぼ満席であった。席に着くなり、カウンター越しの恐らくこの店の「大将」らしき東洋人と目が合った。あちらも「日本人か中国人が来たな」と思ったことであろう。それより何よりメニューが凄かった。日本ではおよそ見たこともない衝撃的とも言えるものだった。

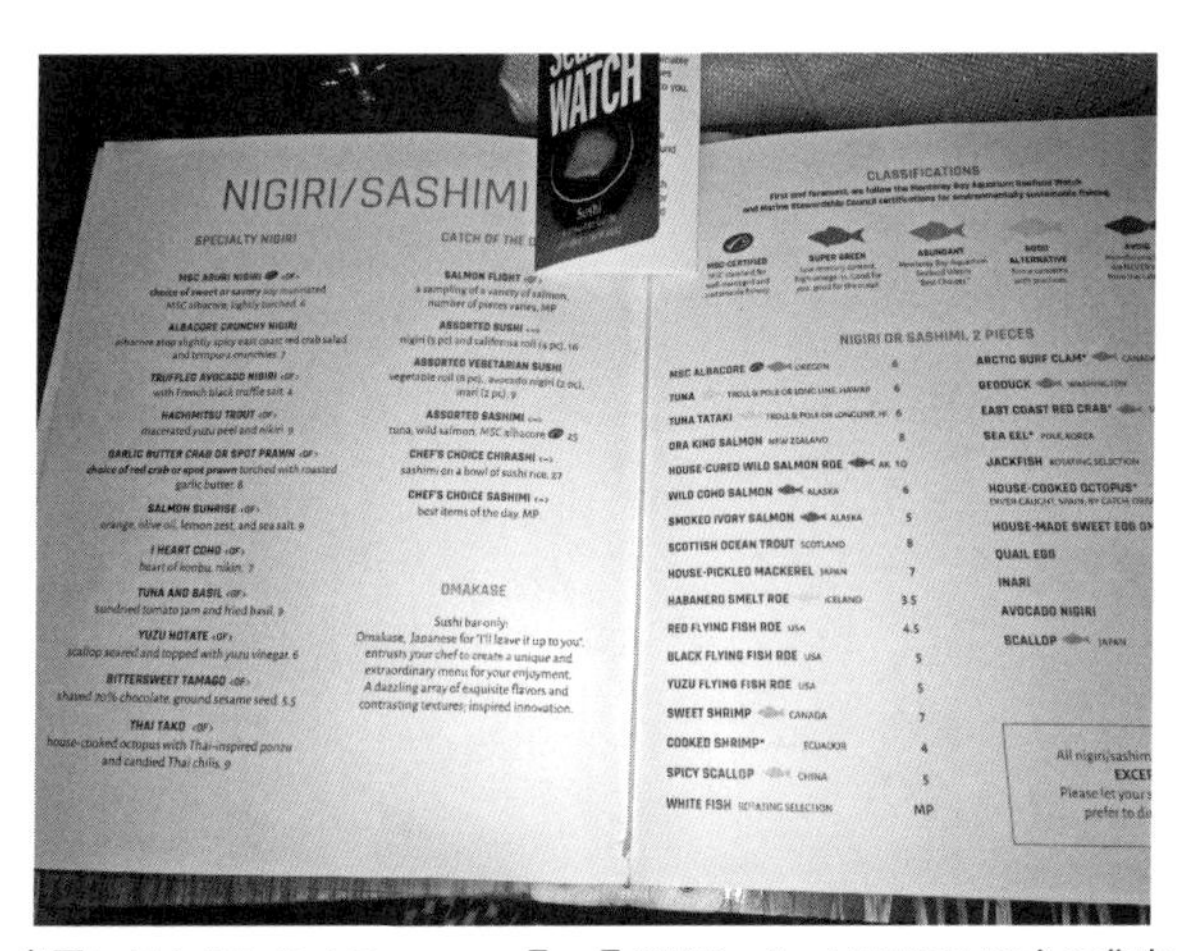

寿司レストランのメニュー。一品一品にはSeafood WATCHの魚の豊度を表すランクが表示されている。MSC認証を表示している料理もある

モントレー・ベイ水族館によって、水産物の持続可能性を格付けするために開発された「Seafood WATCH」のランクが商品名の横に付けられている。MSC認証の魚にもマークが付けられている。すなわちMSCやグリーンリストのメニューは一推しのベストチョイス、イエローリストはまあまあ食べてもOK、レッドリストはもちろん使っていない、というアピールである。そしてメニューの最後のページには、オーナーからのお客様へのメッセージが添えられていた。

「あなたは素晴らしい。ここであなたが食事をすることによって、あなたは大きなプラスの貢献をしています。それは意味のあることに思えないかもしれませんが、私たちを信じてください。そのために心

大手小売業ホールフーズ・マーケットの魚売り場で見た認証マーク。左からレッド、イエロー、グリーン、MSC。一番右はこの店が独自に判断して付けた認証マーク

から感謝いたします。あなたなしにはできることではありません」

なんと素晴らしいメッセージなんだろう。彼らは一生懸命に持続可能な漁業を目指して管理している漁場の魚を使い、その行動をお客様にもご理解いただいて一緒に応援して行きましょう、と言うものだと思う。我々がこれから日本の消費者の皆さんにお伝えして行こうとすることがここにあったのだ。


翌日はオーシャンアウトカムズの本部でミーティングである。その前に1時間ほど時間があったので、アメリカでも自然食品やオーガニック野菜など、グルメフードスーパーとして知られる、ホールフーズ・マーケットの鮮魚売り場を観察してみることにした。ここにもあった。「Seafood WATCH」のロゴと、魚にはしっかり格付けがされていた。

MSCの他にも、このスーパー独自で決めた認証マークの魚も並んでいる。近い将来、日本の高級寿司店やスーパーもこういう表示がなされる日がくるのだろうか？

午後2時からの会議にはぎりぎりで間に合った。翻訳アプリを駆使して、日本から自己紹介文を用意して行ったのだが、同時通訳の方までスタンバイいただいていた。多少長めの自己紹介の後、スライドを使ってプレゼンテーションを行った。驚くのは彼らの真剣そののもの形相である。明るくおおらかな普段とは打って変わった、スイッチオンの迫力であった。


「どうしてイワシやカレイが獲れなくなった？」

「漁業組合員が少なくなった理由は何か？」

「将来自分たちの漁業をいつごろの水準にまで回復したいか？」

「アメリカにまで輸出するだけの魚が獲れるのか？」


自分如きに聞かれても困ってしまうような質問ばかりであった。まして目の前で私を見つめている方々は、水産学会の専門家の面々である。開き直って自分の思った通りのことを話すだけしかなかった。それでも通訳の方の適切なフォローもあって、最後は私の冗談で皆さんに笑っていただいて終えることができた。

おわりに

海光物産を創業したばかりの30代のころは、中仙丸の繁さんと寝る間もないほど「Catch & Distributor」として獅子奮迅、頑張ってきた。「座右の銘は？」と聞かれると、間髪を入れず「一攫千金、一網打尽」と答えていた。

この海光物産も来年30周年を迎える。同時に自分たちももうすぐ還暦を迎える。バブル経済の隆盛と衰退、デフレ経済下での慢性的な魚価の低迷、リーマンショックと大震災等々……こんな我々でも一時代を経験してきた。次なる一時代のために、経験値に基づき何かを創造し、新たな道筋を作って行くのが、先を行く者の使命である。

「東京五輪で江戸前の魚を振るまいたい」から端を発して、いつしか「先祖から受け継いだこの江戸前漁業を、持続可能なものとして次世代に伝えたい」ということに次第に変化していった自らの夢……。これを実現して行くことこそが、まさしく還暦からのライフワークであろう。

今回のアメリカ視察において、世界の水産資源に対する捉え方に触れられたこと、それに対して我々の「小さな世界」の漁業がどこでマッチングするのか、私個人的にも大変興味深いところである。自らは出しゃばらず、後継者たちがどう闘って行くのか、それを見守って行くのも第2の人生の楽しみ方だと思う。

最後に、2016年2月に「ロングセラー出版セミナー」で初めてお会いし、本書を世に出すために、私の暑苦しい話を何度も聞いていただき、企画から校了までお世話になった有限会社ソーシャルキャピタルの吉田秀次さんを始め、私を資源管理型漁業に目覚めさせてくださり、さらに多忙を極める中、本書の帯文まで書いていただいた東京海洋大学准教授の勝川俊雄先生、MSC日本支部の鈴木允さん、O2の村上春二さん、私を信じて何をやっているのかわからない私についてきてくれた社員の皆さん、その他大勢の皆様、そして陰ながら叱咤激励をくれた家族、特に家内には心から感謝の意を伝えたい。どうもありがとうございました。

2017年5月

大傳丸六代目漁労長　大野 和彦

刊行にあたって

「いつも当たり前のように食べている魚が食べられなくなるかもしれない」。大野さんのお話を聞きながら、そう感じました。

でもなんで？　どんな問題があるの？　現場で働く人にはどんな喜びがあるの？　漁師さんにはどんな技があるの？　これからの問題点は何？　この分野にまったく無知だった自分は、さまざまな疑問がよぎりました。

長い時間をかけ、大野さんとの対話や大野さんの原稿との対話を重ね、自分の疑問は、大野さんの原稿がすべて答えてくれました。決して東京五輪の問題だけではないことがわかります。自分ごととして、どう振る舞えばいいのだろうか、考えさせられます。

大事なことは、世の中、当たり前だと思っていることは、当事者の方々の大きな努力によって成り立っていることをまず知ることなのだと思います。大野さんの熱い想いに触れるたびにその想いを強くし、多くの人に考えてほしいテーマだと痛感しました。

私の願いは書籍で人とのつながりを濃くすること。大野さんの想いに共感する方にとって本書が大事な存在になることを祈っています。

東京・田園調布の小さな出版社
有限会社ソーシャルキャピタル
発行人　吉田秀次

大野和彦（おおの・かずひこ）大傳丸六代目漁労長

1959年、千葉県船橋市生まれ。明治大学商学部産業経営学科卒業と同時に父の経営する㈱大傳丸に入社。1989年同業の中仙丸さんと海光物産㈱を設立、1993年、両社の代表取締役に就任。大傳丸は「漁魂」、海光物産は「KIWAMERO命」をキャッチフレーズに掲げ、「魚が本来持っている価値を最大限に引き出すこと」で魚食の普及と我が国の食糧自給に強く貢献することを目指す。スズキの活〆神経抜きを「瞬〆」と命名し、「漁魂」とともに商標を登録。「江戸前船橋瞬〆すずき」として「千葉県ブランド水産物」や「全国のプライドフィッシュ・夏の魚」に認定される。2016年、資源管理型漁業への転換を訴え、日本初となるFIP（漁業改善計画）への取り組みを発表、伝統ある江戸前漁業を持続可能なものとするための活動を始める。2017年、かねてより念願であった2020年東京五輪への江戸前海産物の提供が確定した。

漁魂（りょうこん）

2020年東京五輪、「江戸前」が「EDOMAE」に変わる！

2017年7月12日　第1刷発行

著　者　大野 和彦
発行者　吉田 秀次
発行所　東京・田園調布の小さな出版社
有限会社ソーシャルキャピタル
145-0071 東京都大田区田園調布 2-49-15 壽泉堂ビル 303
03-6459-7115 ／ info@socialcapital.co.jp
http://www.socialcapital.co.jp

印　刷　広研印刷株式会社
組　版　朝日メディアインターナショナル株式会社
装　丁　渡部英郎（DELASIGN Inc,.）
校　正　田村早苗（木精舎）

ISBN 978-4-9909280-1-8　Printed in Japan